成长可以走直线

LEAVE YOUR MARK

[美] 阿莉扎·里希特　著
路本福　译

時代文藝出版社

图书在版编目（CIP）数据

成长可以走直线／（美）阿莉扎·里希特著；路本福译．
—长春：时代文艺出版社，2017.10
书名原文：Leave Your Mark

ISBN 978-7-5387-5482-7

Ⅰ．①成… Ⅱ．①阿… ②路… Ⅲ．①成功心理－通俗读物 Ⅳ．①B848.4-49

中国版本图书馆CIP数据核字（2017）第138180号

出品人 陈 琛
产品总监 郭力家
出版监制 刘 峰
产品经理 杨志新
责任编辑 姜程程
装帧设计 张小雨
排版制作 新兴工作室

吉林省版权局著作权合同登记 图字：07-2017-0030号

成长可以走直线

[美] 阿莉扎·里希特 著 路本福 译

出版发行／时代文艺出版社
地址／长春市泰来街1825号 时代文艺出版社 邮编／130011
总编办／0431-86012927 发行部／0431-86012957 北京开发部／010-63108163
官方微博／weibo.com／tlapress 天猫旗舰店／sdwycbsgf.tmall.com
印刷／三河市三佳印刷装订有限公司
开本／880mm × 1230mm 1／32 字数／190千字 印张／10
版次／2017年10月第1版 印次／2017年10月第1次印刷 定价／39.80元

谨以此书献给大卫、乔纳森、萨布丽娜，
我爱你们胜过整个世界。
同时，怀念我的父亲，
迈克尔·贝恩菲尔德医生，
他深刻地影响了认识他的每一个人。

序

唐纳·卡兰[1]

充满热情的人总是带给我很多感动。你能感受到他们的活力，埋藏在内心深处的情感也会因他们而触动；在他们身上我们总能感到动力与激情；因此，我们不由自主地受到吸引，并聚集到他们周围。同理，如果你对于自己的事业毫无激情，就不用妄想获得成功了。对成功的热情至关重要。

阿莉扎·里希特就是一个对时尚充满热情的人。她在唐纳卡兰[2]国际工作的这十七年，我无时无刻不亲身体会到这种热情。她对于时尚的这种热情在她与人交往、交流、合作的过程中，在涉及时装、创意、明星、谈话和“大家庭”（五十万推特[3]粉丝

---

① 著名美国时装设计师，“唐纳卡兰纽约”以及“DKNY”等服装品牌的创始人；她与卡尔文·克莱因（Calvin Klein）和拉夫·劳伦（Ralph Lauren）并称为“美国三大设计师”。

② 以示与设计师的名字（唐纳·卡兰）相区别，文中将所有的相关品牌都译作“唐纳卡兰”，即不含名字分隔符“·”。

③ 即Twitter，是一家广受欢迎的美国社交网络和微博客服务的网站。

怎么着也能算得上一个大家庭了吧）时展露得淋漓尽致。听闻她准备着手写本关于职场的书，我不由得想，如果要找个人指导一下如何顺利经营自己的工作和生活，或许没有人比她更合适了。

我对于指导别人很感兴趣，因为这么多年以来我无数次因别人的指导而受益。其中，我最重要的一位导师是我的第一位上司——安妮·克莱恩。安妮教会了我要相信自己的直觉。她是一个非常有职业操守的人；所以，当年她一发现我对于工作敷衍马虎就第一时间把我炒了。我那时还只有十九岁，整个人都崩溃了。之后不久，我到帕蒂·卡帕里（也是设计师，后来也成了我的导师）手下开始工作。在帕蒂那里，我工作异常勤奋，也认识到自律的重要性。一年之后，安妮·克莱恩打算招聘一个助理设计师，我去应聘了。谢天谢地，安妮还愿意再给我一次机会。几年之后，安妮意外辞世，我受命接过她的遗志。接下来的事大家都清楚了。

安妮和帕蒂对我非常照顾。她们俩以不同的方式让我认识到——设计是项很严肃的事，必须全身心地投入。因为有她们作为榜样，我也将指导年轻人当成了一项个人爱好。只要有可能，我都会和帕森设计学院[①]的学生合作，我很乐意能够以我的方式回馈曾经受到的恩惠。

导师可以帮助我们塑造自我；导师引导我们，让我们从其

① 此学院于1896 年成立，是美国最著名的服装设计学院，也是享誉世界的设计学院。唐纳·卡兰，1956年曾在此进修设计。

成功与失败中汲取经验教训；他们是我们在职场中的前辈；他们为我们提供成长的空间，帮助我们认识自我，知道自己的能力所在；他们会适时地推我们一把，也会给予我们鼓励；他们会不断逼我们突破自我。好的导师甚至会非常严厉，因为他们不想讨好我们，只想尽可能地帮助我们。

每个人都想同我一样遇到特别好的导师，但很可能并没有我的这份幸运。因此，我向大家强烈推荐本书。阿莉扎就是一个最佳的导师，因为她是一个最好的偶像。她不仅言语动人，行动力更是惊人。在阿莉扎这里没有“不可能”三个字。如果她对某事一无所知，她一定会第一时间放出探测天线，找到该领域的专业人士。和所有伟大的交流大师一样，阿莉扎也总是着眼于“我们”，而不是“我”。

最重要的是，阿莉扎对于新创意和新做法接受度非常高。她在我们这些人之前很早就已经是一名社交媒体达人了。从DKNY[①]公关女孩儿的巨大成功你就能看出她是个多么有个性的人。她能让你始终竖起雷达，关注新鲜事物、内部八卦和女生话题。阿莉扎真正看到了社交媒体作为交流平台的无上价值。

看到阿莉扎在网络上取得的成功，我不由回想起自己创业之初。当时我只是想着要为自己和朋友设计服装。哪里知道自己有那么多的朋友！不过，这也就是成功的意义，它让我们愿意相

① 即“唐纳卡兰纽约”（Donna Karan New York）的首字母缩写，是唐纳卡兰公司旗下的二线青春品牌。

信，并且为之努力。如果，你认同这一点，那么很可能其他的很多人也会深有同感。

阿莉扎深知，要开展交流，双方必须有个人交往。她很善于交谈，为人风趣，也懂得分享；她和很多人私交甚笃，所以至爱亲朋遍及世界。这是她的天性使然。就像阿莉扎自己说的，这本书不是教人“如何”行动，而是让人“必须”行动！阅读本书，获得灵感，走出家门，拥抱自己的热情吧！

自序

“谁穿的效果更好？”这行字闪现在我的电脑屏幕上。

我是一名公关经理，供职的公司是全球最著名的时尚奢侈品品牌之一；关注流行趋势、明星走红毯的相关报道之类的讯息都是我的日常工作。查理兹这身迪奥蕾丝长裙能和凯特穿的阿玛尼相媲美吗？女神卡卡又穿出什么奇装异服了？我喜欢思考这些事。但是，这次的事情不太一样。

事情的起因是我无意中看到的一个时尚博客。里面有个帖子很有创意地把我们公司的代言形象和詹妮弗·洛佩兹[①]放在一起做了个比较。这个代言形象是一张手绘的时尚女孩儿，她身上穿的唐纳卡兰浅红色针织长裙和詹妮弗·洛佩兹穿的恰好是同款。这不是真的吧？这个帖子居然把一个二次元形象和一个现实的一线明星放在一起比较？干得漂亮！我暗暗喝彩。不管博主有没有想过要引起我的注意，她都成功

① 好莱坞影星、歌星。

地吸引住了我的眼球。

我很快从上往下浏览了整个网页，知道了博主名叫珍娜，住在德州的奥斯汀市。她不仅在解读时装方面嗅觉敏锐，而且文笔也颇为犀利，这恰恰是令我欣赏的一种个人特质。所以，我决定要在推特上关注她。

几周之后，我们加了彼此为好友，时不时地发条推特互通一下有无。有一天，珍娜给我发了条私信，问她能不能用电邮询问我一些与职场相关的问题。这种要求我收到过不知凡几，特别是在推特上。有鉴于我本来就“好为人师”，所以我马上就把邮箱地址发了过去。

几分钟后，我收到了珍娜的邮件。说起来，这好像不能叫作邮件，叫“长篇小说”更恰当些。珍娜告诉我她就职于一家生产人工草坪的公司，但是她热爱时尚，非常渴望进入这个行业（她用了好几段文字来描述自己的这种热爱）。我知道要一一答复她提出来的问题肯定会非常耗时耗力，所以干脆只回复了三个字——“电话聊”。

几分钟后，珍娜就打了过来。我滔滔不绝说了好长时间，就像珍娜是我很久不见的老朋友，我们正在叙旧似的（你跟推特上认识的人之间很容易产生这种犹如家人一般的感觉）。我有好多建议想给她，不过最根本的一点是：如果她真的想从事时尚业，就必须到纽约来。唉！我知道这事说起来简单做起来难。事实上，这确实让人恐惧，更不用说搬到纽约真心烧钱。

我知道珍娜挂上电话时肯定心情沉重，脑袋发胀。

大约五个月后，有一天下午，我正在网上刷巴黎时装周的新闻，突然看到珍娜的一条推特。她请大家在一个博客竞赛里为她投票；竞赛奖励是位于纽约、为期一年的与博客相关的职位。我和珍娜的其他推特好友纷纷转发了这条推特，鼓励大家都来支持她。最后，珍娜成功地挺进了决赛，飞到了纽约。我们约了个时间见了一面。当她出现在我办公室时，感觉真的就像是个经年不见的老友。

过了一个月，珍娜接到通知，她没能获得博客竞赛的最终胜利。但是，她并不打算放弃。她在网上看到有家位于纽约的公关公司招募社交媒体方面的工作人员。这个消息，加上之前来纽约参加博客比赛的经历，更加坚定了她在我们首次电话谈话之后萌生的想法——她得搬到纽约来。

珍娜没再多想，直接打包了她在奥斯汀的一切之后搬到了纽约。她没有地方住，也没有工作，只好借住在朋友家的沙发上，找了个衣帽寄存处的工作维持生计。这些都是她到我办公室看我时告诉我的。听完之后，我真是太吃惊了。她是真的仔细考虑了我们之前的那次电话交谈。她很迫切地想踏入时尚圈，也愿意为此付出一切。这姑娘真是太了不起了！

有时候你冒点儿险，可能就会有意想不到的收获。珍娜搬到纽约一周后，通过了上文中那家公关公司的面试。在去面试之前，珍娜曾问我能否考虑当她的推荐人。老实说，我一般不会轻易为别人作推荐人。我没有与珍娜共事过，可是从她的博客和推特的内容中我能了解她的社交媒体技能如何，我也肯定我喜欢这个姑娘。当然，这并不足以让我为她做推荐。但是，我很相信自己的直觉，而我的直觉告诉我，她无论被哪家公司录用，都会成为一名很有价值的员工。后面的事，各位也都知道了，珍娜通过了面试；又过了一周，她得到了这份工作。

之后过了半年，我需要找一个新的助理，对方最好还能有社交媒体的经验。我觉得找这样一个社交达人最好通过网络进行。所以，我在推特上发了个链接，邀请有意向的人在公司的脸书[①]页面上递交申请，申请时必须明确指出为什么他们认为自己适合这份工作。递交完申请之后，还需要同时给公司人力资源部递交自荐信和个人简历。后来我才知道，珍娜也看到了这条推特，而且那时她刚刚被裁员，时间对她来说非常紧迫。

到这个时候，我和珍娜已经非常亲近了。所以，她满可以随手发封电邮给我，说“嘿，你看我给你做助理怎么样？哦对了，我刚刚下岗了”。这种口吻也很符合她一贯的鲜明个性。但是，她没有。她表现得如同一个真正的职业人士一样，非常正式地递交了申请。这一点让我激赏不已。

助理一职总共收到了三百多份申请。你可能完全无法想象有多少人在求职的第一步就已经自动出局了；有些人文字错

① 即Facebook，是一个美国社交网络服务网站，由马克·扎克伯格创办。

漏百出，还有一些更糟糕，全文都是短信体。很多人在求职时表现得和他们在日常交往中没什么两样，特别随便。但是，他们不应该表现得如此随便。这本来就是个测试，我想通过这个步骤看看这些求职者能不能想到，从一般性的社交到职业性的交流他们有必要做出调整。大多数人根本意识不到这一点。我不由地又想到了珍娜，她好像本能地知道这两者之间的差异。但是，事情真有这么简单吗？我一年前在推特上偶尔结识的小朋友真的就是我要找的人？我不敢肯定，所以还是不辞辛苦一封一封地看完了数百份申请，最终选了十个人面试。经过了如此漫长、让人筋疲力尽的筛选过程之后，最后的赢家是——珍娜。就因为一条推特，这个在奥斯汀一家人造草坪生产商工作的小姑娘在纽约市中心找到了自己梦想的时尚工作。

珍娜的故事完美地证明了我一直坚信、也将会在这本书里教给各位的经验。我们存在的这个世界是一个彻底的互联互通的大网络。只要能妥善加以管理，那么用好用对这个网络将会产生不可思议的结果。珍娜的突出才能和像职业人士一般行事的本能是我想帮助她的原因。不过，珍娜可不是唯一的幸运儿。

自2009年起，我获得了一项殊荣：作为一个时尚界内部人士，每天以不到一百四十个字符，在推特上与大众分享我对于这个美好的——有时候也可能不是那么美好的——圈子的想法。到今天为止，这个推特逐渐发展出了一个忠实度很高的网络社群，粉丝（我本人更喜欢称呼他们为“推友”）数量超过了五十万人。我时不时会发一条推特，让外界得以通过我这个公关人士的视角一窥时尚圈，例如“扒一扒奥斯卡上惊鸿一现、到了洛杉矶机场却再也看不见的礼服”，或是“有人居然发消息给我跪求时装秀入场券，太搞笑了”之类的，都是网友喜闻乐见、新鲜热辣的内部消息。这样进行了六年之后，我惊奇地发现社交媒体于我而言已经不仅仅是八卦时尚圈的一个工具，同时也成为我给别人提供指导的一个平台了。

迄今为止，我跟不同的人有过数千次谈话。我无一例外地体会到，无论身处哪行哪业，大家都很努力地想要获得成功。在跌倒时我们都需要有人扶自己一把；在迷失时也需要有人给我们指引方向。我曾经碰到过完全丧失动力的人，也曾遇见过不知该从何处入手的人。每到这种时候，我就需要坐下来，买两杯咖啡，跟对方好好聊一聊他们下一步的想法。我知道有很多人和曾经的我一样做出过艰难的抉择，我很愿意跟这些人一起好好谈谈。不过，哪怕我再乐意“赠人玫瑰，手有余香”，但我怎么可能跟每一个有需要的人都促膝谈心呢？显然不可能。

这本书就是我选择的咖啡替代物。我会通过这本书将自己通过惨痛教训学到的经验一一倾吐出来，帮助你找到梦想的工作，在职场中无往不利，并成功打造属于你自己的个人品牌。

把你过往学过的都忘了吧。我在时尚业——特别是公关部门——的经历是你唯一需要的速成教材。提示：我们不是在闹着玩，所以请做好准备！我会与你分享很多内部人士的小贴士，让你在任何行业都能将职业道路走得顺顺当当；我会教你我所掌握的所有成功秘诀，绝对独此一家，别无分号。例如，选错了职业，发现时却太晚了，该怎么办？或者，在你完全没有某种行业工作经验时该如何获得相关经验，等等；我会教你如何充分利用实习期，如何有策略地进行面试，以便获得梦想中的工作；我还会教你评估自己是否可以再进一步，以及如何有技巧地与上司就此进行谈判。你将学习如何在办公室环境中生存，以及什么话绝对不可以对上司讲。如果你发现目前的工作完全是死路一条，我会告诉你要怎样调转方向；我会给你演示社交媒体将如何提亮（或抹黑）你的声誉，以及如何像真正的职业人士一样准备业务报告；如果你最终成功地在公司晋级，我会跟你分享如何才能成为一个受人喜爱、鼓舞人心的领导。但是，我要告诉你的最重要的一点可能是：你就是自己的品牌，如何经营这个品牌决定着你事业的成败。

因为，你如何包装自己、如何推销自己，对于你能否成功的重要性绝不亚于你所掌握的实际技能。这是个鲜为人知的秘密，却是无可争议的现实。作为一名公关人员，我的工作就是分享信息，进行宣传。如果你像我一样一天二十四个小时想的都是如何让人们对某个品牌产生积极的观感，你也会跟我一样认识到：同样的原则完全适用于个人。我们交流信息、影响他人的方式往往比我们宣扬的观点更为重要。我会作为引路人，向你展示时尚圈和名流圈如何利用公关的各项原则，从而帮你树立和完善你的个人品牌。

因为我从事公关工作，所以对社交媒体非常擅长。社交媒体颠覆了传统的公关行业，同时向我们显示了影响力的作用，也证明了影响力可以通过任何方式增长。我会详细地解释如何利用社交媒体打造你的个人品牌。你将会看到真正的互动和坦诚是多么重要，以及人际网络又将如何帮助你树立和巩固自己的个人形象。

我的全部知识都来源于将近二十年的工作经验。但是，很多人在获得这种经验时往往已经太晚了，这不是很可惜吗？当然，我们免不了会犯错误，但是能尽可能少犯一点儿错误不也很好？我想把自己学到的都教给你，让你少走点儿弯路。我希望你可以拥有选择的机会，也能够有足够的智慧辨认出眼前的选择。但是更重要的是，我希望你可以看到，即使你以为自己的事业已经走到了山穷水尽处，其实你仍然拥有柳暗花明的可能。既然这些我都可以教你，你又何必非要从痛苦的经历中学习呢？

这本书不是教你“如何做”，而是告诉你“必须做”——好吧，肯定也会有一大堆的“不准做”。你将会跟随着我回顾一遍我的职业生涯；我可以向你保证，绝对不是顺风顺水。你可以看到善良、恶劣、丑陋、疯狂及欢快的片段。自从我放弃学医，转而追求儿时的梦想，跨入时尚圈，我差不多将上述种种都尝了个遍。在职场中我每踏出去一步，都会学到很多，无论你从事的是什么行业，都可以从这些经验中获益。书中的经验对于任何想要更好地与人沟通，以更有影响力的方式宣传其个人品牌的人而言，也都会有所助益。

生命如此短暂，怎么能只尝试一种可能性！你有能力打造自己的成功之路。但是，我要提醒你，没有什么成功是唾手可得的。踏上这条征程你就无法避免心灵的挣扎，以及最重要的——努力。如果你认为自己已经付出了足够的努力，总该取得一定成就了，我必须告诉你，你还要加倍努力。

我知道有时候生活让人沮丧，有些障碍似乎无法逾越，但是读了这本书，完成了书中一大堆必须完成的任务，喝完一大杯咖啡，我保证你可以克服所有的障碍，而且还能留出足够的时间就此发条推特。

目录

序　001

自序　005

第一部分
Landing Your Dream Job
找到梦想中的工作：
从0到1，打赢求职突围战

第一章　找寻正确的职业路径　002

第二章　在经验为零时如何获得经验值　014

第三章　写一份让人惊艳的自荐信和无懈可击的个人简历　029

第四章　将实习进行到底　043

第五章　拿下第一次面试　063

第六章　赢得自己的第一张名片　071

第二部分
Kill It in Your Career

驰骋职场：
从 1 到 2，怎样在上升期寻找突破

第七章　向升职加薪努力进发　080
第八章　办公室生存之道　094
第九章　调整方向，继续前进　124
第十章　短信体和其他职场禁忌　147

第三部分
Rocking Social Media

玩转社交媒体：
1+1 大于 3，开拓职场新领域

第十一章　打造 DKNY 公关女孩儿和五十万粉丝群　164
第十二章　揭露时尚界最大的推特秘密　178
第十三章　做个社交达人　187
第十四章　社交媒体损失管控　206

第四部分
Creating the Brand of You

打造个人品牌，树立职场标签

第十五章　做自己的公关大师　220
第十六章　扮演一个新角色　229
第十七章　一朝登顶，切勿小人得志　244

第十八章　不要浪费鸡尾酒会的机会　253
第十九章　像专业人士一样演讲　264

后记　273
相关词汇：即自动纠错功能可以识别的词汇　276
关于本书中的人名和地名　288
致谢　289

第一部分

找到梦想中的工作：
从 0 到 1，打赢求职突围战

Landing Your Dream Job

第一章

找寻正确的职业路径

在我的青少年时期，与我同龄的大部分人房里都贴着当时的万人迷科里·海姆和杰森·帕特里克的照片。不过我可不一样，我墙上贴的都是高端时尚杂志的海报。当时是1988年，《时尚》杂志刚刚任命了一位新主编，此人是英国人，名叫安娜·温图尔；她对于这本杂志很有些新想法。此前很多年，《时尚》的封面都是几幅裁剪得小小的照片拼在一起。安娜上任后第一期就使用了以色列模特米凯拉·贝柔的半身照；她身着克里斯汀·拉克鲁瓦[①]的高定上衣，下身配以——当当当当——盖斯[②]的牛仔裤。

这期封面简直是惊天地泣鬼神，不仅是因为安娜这一手能让

---

① 时装设计师同名品牌，也有译作姬仙兰卡的。

② 服装品牌，1981年成立于美国加州，最早以牛仔服饰起家。

读者把模特看得更清楚，更因为她居然让高定和成衣同框出场。在当时，这简直是闻所未闻的事。这种高低端反差配的天才创意是由卡吕妮·塞芙·德·都德济勒提出来的。这位法国时尚编辑酷爱使用不同的色彩、配饰与个性的搭配。用她的设计成果贴墙，绝对能带给人足够的新意与灵感。这期封面在我卧室的门上足足待了好几个月。

对我而言，时尚是现实的理想形态，只不过稍稍经过夸张。虽然人们只能通过画面畅想，但是时尚的世界的确有让人一探究竟、在其中徜徉的欲望。有好几年，我坐在床上写作业时，会不时抬头看一眼四周墙上满满的时尚海报。不过，有趣的是，我当时从来没有想过一本杂志是怎么诞生的。在我看来，一期期的杂志好像都是自己出现在报刊亭，并最终来到我的墙上，这一切就像魔法一样。时尚也从来不在我对未来的职业规划范畴之内。这可能是因为当时我对于这个行业一无所知，也没有人可以从旁指导我。

因为我一直都对理科感兴趣，也很擅长，而我父亲就是一位声誉卓著、自己执业的牙科医生，所以我早早就下定决心要好好学习，将来当一名医生。我的动手能力很强，对于艺术又很喜爱，因此对整形外科特别感兴趣。在我看来，整形外科就是美学与科学的完美结合。

高中期间，我在自己家附近的一家整形外科医院实习。这家医院简直就是电影《欢乐谷》[①]中场景的翻版：尖尖的篱笆桩包围着白色的房子。在医院里，我每天都是按部就班，期间也鲜少有什么戏剧性的事件发生。实习的时候，我会坐在手术室的前排，观看一场场流畅无比的整容手术。我喜欢整形外科，因为它让人们更喜欢自己，更不用说你还能亲眼看见朋友的妈妈做面部拉皮，而她却根本不知道你就在一边看着。哈哈哈！我当时非常肯定去整形外科工作就是我想要从事的职业。因为实习的经历和优异的成绩，我得到了马里兰大学全部四年的优秀学生奖学金，此前我还获得了马里兰大学的“弗朗西斯·斯科特·基[②]奖学金”。我父母当时都乐疯了：他们的女儿居然是医学预科生了，而且还免除了学费！他们两个在签署协议时唯恐下笔慢了。

我选择神经生物学和生理学作为专业。每周有四天课，早上八点我就钻进实验室，全靠玉米糖提神（我不喝咖啡……至少当时还没有）。大三时，我参加了恐怖的医学院入学考试，暑假时还得到了在长岛一家医院为期六周的实习机会。通过了医学院的考试之后我兴奋得不得了，也深信届时的实习肯定会很有收获，一定能学到很多东西。

整个暑假，每天早上六点钟我就被闹钟叫醒。洗漱打扮都很轻松，因为穿什么都无所谓，反正最后总得套上实验室的白大褂——除非那天得上外科手术，那时我就要换上手术服，戴上发

① 1998年上映的美国奇幻电影。
② 美国律师、词作者，创作了美国国歌《星条旗进行曲》的歌词。

网和口罩。每天早上七点半，所有实习生会开个小会，了解一天的工作安排。这次实习就是为了帮助我们了解一名真正的医生是如何工作的。

每天上午我们会接触到很多让人头疼的病例，所以一到中午我们就会赶紧冲到餐厅放松一下，聊一聊上午的经历。每个人都会大谈特谈之前自己看到的某些做法，还会发表自己的见解，提出还需要采取哪些做法，等等。听着大家的讨论，我渐渐开始意识到他们对于实习真的满怀热情，但是我好像完全没有。怎么会这样呢？我很喜欢学校里学到的一切啊，之前在整形医院实习期间的经历也很美好，但是等我可以将所学所得应用到一家医院时，我居然开始反感了？这不科学！但是，一种难受的感觉开始啃噬我，而且这种情绪一天天地越来越强烈，让我难以忽视。

在医院里待了一整天回到家之后，我会去看望病弱的奶奶。自从她13年前中风以后，就搬来和我们一起生活了。和她在一起感觉很棒，因为她是个很好的人，可是看着她一天天的衰弱下去也让我很难过。在医院里为自己的职业而心塞，回到家又为了奶奶而心焦，那段日子我的身心倍受煎熬。

每周五下午从医院回来，我会迫不及待地洗个澡，翻出晚上要穿的衣服。只有时尚能让我满血复活；在我看来，再也没有什么比无论穿什么都无所谓更讨厌的了；这就像是我的翅膀被生生折断了一样。穿手术服感觉糟透了，我总是很自卑，感到整个人都傻得不行。而每次手术时必须要戴的发网更是让人感到很

“囧[①]”（你可以想象一下在大庭广众之下必须戴浴帽是种什么感觉）。还有口罩！一戴上口罩，我标志性的唇膏根本就看不见了好吗。当然，如果因为医生的行头太糟心就不想当医生，这也太不靠谱。我就是想找个借口说服自己医生这条路我选错了。我对自己说，如果真的成为医生，我就会重演我奶奶这些年来的纠结，而且也等于要放弃年少时所有的时尚梦想。

这种直觉，其实很多人都会有，千万不要视而不见，我们绝对有必要好好想想。我必须问问自己：这些理由足够让我放弃学医吗？我朝着医生这个职业梦想奋斗三年了，现在突然就不再想当医生了。这种想要改弦更张的想法如此强烈，简直令人难以置信。而且，就算要改，我打算改成什么呢？我真的要放弃自己努力了这么久的梦想吗？而且我爸妈一直那么得意，我要怎么跟他们说呢？

我其实还是有选择的。我可以选择冷静下来，忽视心中的迟疑，继续为成为医生而努力；或者，我也可以听从心底的声音，看看是不是还有别的可能性。最后，我决定，我的人生不应该留有遗憾。我的梦想已经改变了，这不是我的错。话说，这也就是实习的意义所在——尝试某种可能性。我必须诚实地面对自己，承认犯了错误也没什么大不了的。虽然不是最好的情况，但绝对可以接受。继续选择当医生当然最轻松；不需要想怎么跟爸爸妈妈

① 一种网络流行用语，此处表示尴尬、奇怪。

妈解释，也不用为了承认自己错了而感到羞愧。可是，我的心在大叫着“不要”，我根本无法忽视，也不应该忽视。我得做出新的选择，我必须选择放弃当医生这条路。

我知道要告诉我父母不是件容易的事。我们得坐下来，认真地促膝谈心。所以，我选了一个周六的早晨，四周很安静，这样他们可以认真地听我说话。我不打算走委婉路线，于是开门见山地说：“这个暑假我想了很多，关于我的经历。我觉得，当医生不适合我。”

沉默。

“你说什么？”我妈小心翼翼地问。

我说：“我干得不开心，并不是因为这家医院的关系，”我接着说，“我认为，我已经不再想当医生了。”

继续沉默。或者他们两个只是太震惊了吧。毕竟，乍一听到我这么说，他们怎么能不失望？他们之前跟多少人都自豪地说过，自己的乖女儿以后要当整形外科医生。我敢说一定不少。

“所以，你们觉得呢？拜托，说点儿什么吧。”我平静地说。

“我们能说什么，阿莉扎？这是你的人生，是你自己应该做的决定。你如果认为这是正确的事就去做吧。”我父亲这么说。

“可是，你打算干什么呢？”我母亲追问。

“我还没定呢，”我有点儿心虚，“不过，很快我就会想清楚了。”

说完，我就起身离开了。我的脑子这时有点儿眩晕。我刚刚把事情全说了，可是心情一点儿没有好转。我心里一直挂着母亲最后问的那个问题，也一直为她问话的口吻而纠结。她的潜台词分明就是“你总有个备选方案的吧？拜托，你肯定想过的吧”。她的担心当然不无道理。毕竟，我只剩一年就可以本科毕业了。现在转专业也太晚了——其实现在做什么都嫌太晚了！哦，还有，我甚至都还没想好我打算干什么呢。我必须得想出一个好的目标。可是，事情往往就是，一旦需要想些什么，我们的大脑里面偏偏会一片空白。

过了几周，开学了。我坐在床上，无意间看到窗台上放着的一本《亚瑟·艾格特模特指南》。这还是我念高中时买的。艾格特是个时尚摄影师，他这本书里满满都是超模们闪闪发亮的照片，像克里斯蒂·特林顿啦、娜奥米·坎贝尔啦，还有琳达·埃万杰利斯塔等大明星，都是些可望而不可即、令人望而生畏的超级大美人，他们都是在20世纪90年代被卡吕妮·塞芙·德·都德济勒一手打造成超模的。这本书以前我翻过无数遍，可是现在我的感受不大一样，似乎有什么变得更加重要了。

我突然冲回贴满了杂志海报的房间，然后一下子思路变得无比清晰；这些海报一直都在这儿，就在我眼皮子底下，然而我居然现在才意识到：时尚！这才是我要走的路。

我曾经有好几年时间都用时尚杂志的海报来装饰我的屋子。这些海报成就了现在的我。但是，如果当初有人跟我说我想到某个时尚杂志社工作，我肯定会用表示“你没毛病吧”的眼神看对方。我生活中从没见过在杂志社或时尚界工作的人。而且请记住，那个年代，想找工作都要准备好书面简历，邮寄给单位，然后就是漫无止境的等待。我那时没有任何人脉，既不能在网上搜索，也没有领英[①]可用，甚至连谷歌[②]都还没诞生呢。但是，我当时学到了非常重要的一课，后来在我的职业生涯中一直都记忆犹新——你不可能等着别人拽你“进门”。你得自己想办法。**小贴士：如果没有任何人扔绳子给你，你就得自己搭梯子往上爬。**

自拍：如何知道自己选择的道路是否正确？

自拍不仅仅可以证明你的着装无懈可击！你完全可以让自拍成为一面镜子，帮你确定，为了达成某个目标，你的定位——这里既指地理方位，也指其他方面的定位——是否无误。说不定某个时刻你也会有“我要成为……只是说着玩的啦！”这样的想法。就算我大学期间为念医学院奋斗了四年，又怎么样？回顾此前曾经出现的各种警示，我觉得最后我转而选择投身于时尚事业

① 全球最大的职业社交网站。

② 该公司由拉里·佩奇与谢尔盖·布林于1998年创办，也被公认为是全世界最大的搜索引擎。

其实再自然不过了。

最根本的一点是：只要开始，什么时候都不算晚。我们总是听说有人在人到中年时又回到学校，尝试完全不同的全新领域。这些故事总是让人热血澎湃。如果你很幸运，愿意坦诚地面对自己，你或许会意识到——改变，越早越好。

另外，以下的问题并不是科学测试，只是些你需要回答的简单问题，这些问题可以帮你更好地思考。你真的知道对于自己选择的职业你有多么热爱吗？如果你打算来个180度大改变，是不是害怕周围的人会说什么？想想看，这到底是谁的人生，那些会对你评头论足的人能有多少？没错，我当时就是这么想的。

我之所以准备下面这些问题，是因为一般而言你自己很难追问这些问题。所以，开始吧，好好给自己把把脉。

1.当你想到自己选择的职业时，是什么感觉？

A.喜悦

B.兴奋

C.无所谓

D.恐惧

2.你热爱自己选择的行业吗?

A.是的

B.不算

C.不确定

D.并不

3.为了成功你需要付出很艰苦的努力，对此你准备好了/感到兴奋吗?

A.是的

B.我别无选择

C.不确定

D.没有

4.你会不会羡慕别人的职业，也想选择另外的职业?

A.是的

B.不是

C.有时会

5.你是否偶尔会幻想换一个工作?

A.一直都会

B.从不

C.有时会

6.如果你没有从事现在的工作，那么你觉得自己会在做什么？

选择一：

选择二：

选择三：

7.如果不需要考虑任何后果，你会不会改变方向，选择另一条道路？

A.会

B.不会

C.不确定

8.如果你改变方向，你是否担心别人对你的看法？

A.是的

B.不是

C.不确定

如果对于上述问题，你的答案大部分都表明你对现状不满或是缺乏热情，那么是时候认真考虑换个目标了。你是刚刚起步还是已经沿着原来的方向行进了几年其实都没关系。人生只有一次，机会却有很多。这是选择改变的最佳时机，我可以教你如何改变。

我们经常会需要在还很小的时候就做出关乎一生的决定，而一旦做出决定就觉得必须沿着既定的道路前行。但是，面对现实吧，找到值得一生追求的事业并不是一件那么简单的事。所以，来张自拍非常重要，自省很关键。如果你对于自己的答案很满意，这当然很好。但如果你对答案并不满意，那么为了自己着想，一定要做点儿什么。

第二章

在经验为零时如何获得经验值

好消息是，我终于明白自己想做什么了，我想在时尚杂志社工作；坏消息是，之前三年我都在学习神经生物学和生理学，我百分之百肯定有机化学知识对于我在时尚圈的发展绝对没什么大用。我需要相关领域的经验，至少需要能让我的简历看起来像那么回事的工作经验。

我们时不时会问自己一个很关键的问题：我完全不具备工作经验时，要如何获得经验呢?

我认为唯一可以获得经验的渠道，就是书报亭。所有杂志都有发行人栏，里面列出了所有相关人员的名字，我想我肯定可以从中找到很多有用的信息。所以，我抓了一本《DC时刻》（*DC Moment*）杂志，我觉得应该挺有希望，因为这家杂志社就在我的学校附近。要是我能在那里实习，就可以为日后进入这个圈子打下第一块基石。我没有单单给人力资源部寄简历，而是给发行人栏里面列出的所有人都寄了一份简历。我觉得，如果仅仅给人力资源部寄简历，那机会就好像是期盼着能在时代广场上听到一根针掉落的声音一样渺茫。直觉告诉我得设法跟我打算实习的部门的负责人联系上。**小贴士：“敬启者”基本等同于“查无此人”**。

我的简历几乎相当于没有，所以我得在自荐信上好好下点儿功夫。我知道自己必须证明给《DC时刻》的人看，我是他们杂志的粉丝。为此，我把最近的几期都翻了一遍，尽力做到心中有数。仔细读完几期后，我在写给不同人的自荐信中做了适当调整，确保与不同编辑负责的栏目相契合。**小贴士：想用一封自荐信搞定所有人？那是做梦！**就好像，我肯定不会跟美食评论员说我超喜欢《DC时刻》的影评专栏。这点看起来似乎一目了然，但是我可以负责任地告诉你，就我这么多年来看过的垃圾自荐信而言，并不是所有人都明白这个道理的。

接下来的两个礼拜，我不停地查看邮件和电话答录机（相当于今天的语音留言）。有天下午，我下课回到家，居然发现邮件中有一封来自《DC时刻》广告销售部负责人的信！我不知道是我运气爆棚，还是本来申请到他们那儿实习的人就不多，反正我马上就打了个电话过去。

我并不想在广告部实习，但是也不挑剔。我就是要积累点儿杂志社的工作经验。再说了，如果我可以证明自己，说不定他们可以同意让我到其他部门转一转呢。这总是个好的开始，不是吗？广告部的负责人叫约翰，他问我是否可以马上开始工作，我说没问题。当然，我得尽量找没课的时候过去，好在他们说我什么时候去都行。

接下来，我就得每周跑三次华盛顿特区，这可不轻松。不过，对于终于可以如愿穿着正装到一个真正的办公大楼里工作这件事，还是令我很兴奋的。那里非常热闹，人们不停地走来走去。整个办公室是开放式的，如同新闻编辑部那样都在一个楼层，桌子一排排地铺满了整个房间。这里的人都挺活泼，也都很能说，比较有利于我融入进去。虽然整体气氛挺轻松，我还是告诫自己要表现得专业一些，意思就是，得保持严肃认真。我绝对不能表现出很快就放松下来的样子，总感觉这样会给自己招来大麻烦。

这事说来也挺奇怪，有时候我觉得所有的老板都不希望新员工马上就像到了家里一样表现出各种舒适；他们希望新人好歹都要有个挣扎纠结的过程，有点儿恐惧，甚至一开始有点儿敬畏他们才好。我那时就觉得——现在仍然这么觉得——最好让老板主动找上你，而不是反过来。一般如果有同事让你对某事发表意见，或是邀请你参加会议或一起用午餐，那就意味着你得到了初步的认可。**小贴士：除非团体的成员亲口表示接纳你，不然你永远都不算这个团体中真正的一员。**

我在《DC时刻》的日常工作就是打销售电话，向各个公司推销我们杂志的广告版面。这份工作不算惬意，我不太喜欢。当然我肯定不会这么跟约翰说的。事实上，我反其道而行之，每天很努力地拨打计划内的所有号码，以便尽快完成任务。然后，我利用空闲时间研究我们竞争对手的广告版块。我把登了广告的公司抄录下来给约翰看，说明它们可能是我们的潜在客户，我们完全可以试着在它们身上开拓业务。我是想让约翰看到，我很有干劲，也很有想法。约翰对此表示了高度认可。

一旦我发现每天广告销售的工作都完成了，就会四处转转，看看其他人都在做什么。我需要获得打销售电话以外的经验，因为潜意识告诉我必须掌握实际的工作技能。就像我一开始认为的，我很喜欢和编辑部的人待在一起。他们的工作是报道餐厅开业、自己心仪的某些新装备之类的。虽说严格算起来我算是广告部的实习生，不过只要一天的任务完成之后，我都会主动给编辑部的人帮忙。**小贴士：仅仅做好分内之事还不够，学着找其他事来做，也可以要求新的任务**。

我希望尽可能地利用好这次的实习，抓住各种可能的机遇，这样我才能让自己的简历更加丰富。就这样，我四处帮忙，倒是交到了很多朋友。我从广告部的实习生变成了整个杂志社的实习生，我认识这里的所有人，也愿意帮所有人做事。不过，光懂得用柠檬榨出柠檬汁还远远不够；我想要弄明白柠檬到底是怎么种出来的。所以，在《DC时刻》实习期间，我学习了整个杂志社各个组成部分的具体运作方式，以及各个版面是如何最终组合成为一本杂志的。我向很多人询问不限于某个部分的问题，也得到了很多答案。等到实习期结束时，我比一开始多懂得了许多。

在日后的职业生涯中，我遇见过太多实习生，他们不会像我这样做。大多数人都不懂得利用眼皮子底下的丰富资源，真是太可惜了。实习期你不能单单混日子，不能成为“僵尸实习生”；这是我发明的叫法，指的是那些每天按时出现，也会完成分配给他的任务，但是整个人死气沉沉，完全没有热情，也根本不了解手头工作以外大局的实习生。这种僵尸实习生在实习期结束跑来问我要推荐信时，我总是会说：“这样啊。请问你是哪位啊？”这种人最终都得狠狠跌上一跤才能学乖。**小贴士：在实习期，试着让自己如同一个真正的职业人士一样思考和行动**。

好的简历应该让你至少比你的年龄成熟一岁，或比看起来更有经验。我特别喜欢看到那些刚刚毕业，却已经有了四年实习经验的学生。我知道这样的毕业生肯定没有浪费大学期间的任何时间，他们也了解充分利用实习机会的重要性。有太多学生认为大学就是由着你玩四年，可是真正聪明的学生却深知自己根本不可能把宝贵的时间浪费在玩乐上。

简历上与所求工作相关的经历总是很能抓人眼球，但有时候你很难遇到获得这种经验的机会。你只能尽量利用能够抓住的机会，让这些经历尽可能为你的目的服务。不管你希望涉足哪个领域，都需要明确这个领域的共同特性。**小贴士：只**

要某个实习机会与你的目标工作相关（不管相关性多么微不足道），都值得你投入时间，全力以赴。另外，就算你找到的实习或工作与心目中的职业并不相关，也总是可以在这个过程中对自己产生新的认识。

广告销售绝对不是我心仪的工作。这一点在我还没有开始踏入《DC时刻》杂志社大门之前就清楚了。但是我没有急着退出，而是以一种不同的方式迎接这次机会。我将这次实习当成一个机会，我可以测试自己在这个以前从未关注过的领域内的工作能力。就像约会一样。大家都不想听到约会对象对自己说出“我只把你当成朋友”这么残忍的话。但是，有趣的是，被发了好人卡之后，之前的忐忑与紧张好像一下子就不翼而飞了。反正对方怎么都不可能喜欢上我，我还不如就做自己好了。同样，在一个自己本来就不心仪的行业实习，你也不用害怕暴露真正的自我，也不会像面对真心向往的工作那样不安；这样一来，你会问更多问题，表现出更多的个性，反而可以帮你看清自己，还能建立更真诚的友谊。

实操指南：在没有经验时获得经验

找工作时，听到对方说“哦，不好意思，我们要找有工作经验的人”是多么心塞的体验啊。拜托！好像哪个老板还真的会去看看哪个雇员是个真菜鸟似的。但是，我们得承认，万事开头难。有时候，你可能会以出乎意料的方式获得经验。

1.认真研究，查找与你心仪的公司、心仪的职位最接近的联系人。一旦设法找到对方的联系方式，不要问对方如何获得在该公司实习的机会。因为你只有一次向对方推销自己的机会，你得利用这宝贵的机会，用一份出色的自荐信和简历给对方留下深刻的印象。我接到过询问如何申请到我们公司工作的邮件，我觉得这种人很懒，因为他们等于在让我帮他们做功课，这可不会给人留下什么好印象！

2.找不到实习机会或职位空缺？试着约见不同的人进行试探性面试，这种面试多多益善。幸运的话，说不定就能接触到你心仪公司的人，你必须尽可能充分利用这种机会，总会有用的。在赴这样试探性的约会时，必须表现得热情而坚定。另外，你总能从约会的对象那里了解到很多有用的信息。不过，千万不要把这种试探性的会面误以为是闲聊。**小贴士：必须把每次试探性的会面当作正式面试，同样用心地准备，同样认真地对待；此外，一定要穿正装**。你遇见的每个人都是你潜在的人脉。

3.在试探性面试接近尾声时，询问对方是否可以保持联系，今后如果有职位空缺是否可以咨询对方。另外，记得询问对方是否有必要再见见该公司的其他有关人士；如果真有应该见的人，委婉地询问对方能否帮你引荐。**小贴士：提出这些问题，你的面谈对象才会认真考虑你，以及你想做什么**。没有人喜欢看起来一无所知，所以我打赌对方肯定能想出几个他认为你需要进一步约见的人。

4.如果在你心仪的公司没有实习的机会，必须找找其他门路。小公司总是人手不足，所以很值得试一试——哪怕你最终只想进入大公司。如果把手头的工作辞掉也不会让你生活窘迫，可以考虑接些晚上或周末可以做的工作。反正问一问总没有什么损失！只要你能获得经验，表现出你的决心，那么任何机会都值得尝试。我认识一些人，在实习期结束以后还会继续主动承担某些项目，因为他们不想荒废了实习期间结下的人脉。

5.如果你还是不知道要怎么做，就继续学习吧！互联网上有海量的课程和辅导材料，作者本身都经验丰富，足够担当你的导师。如果搜索你感兴趣的领域，加上诸如“指南”或“某行业新人须知”之类的关键词，最后结果显示的辅导材料和博客数量之巨绝对会让你大吃一惊。如果你想锻炼某个方面的技能，那么可以在你心仪的领域进行更有针对性的搜索。例如，如果我在谷歌输入“公关 新手须知”，会出来超过97 000 000条结果。我还可以让关键词更加具体，搜索得更有针对性。我想，你已经明白要怎么做了。最重要的一点是，不要等着别人来教你，主动寻找信息，努力自学。给你的面试官看看你为了积累更多知识学了多少课程，这样能让对方知道你有多么渴望获得这份工作。

登堂入室不是件简单的事。我在申请实习时，可没有任何人可以指点我；所有的事我都得自己学着做。如果你很幸运拥有一定人脉，当然要充分利用，帮助你打开局面。但话说回来，你要慎重地使用这些人脉。我朋友萨曼莎有一次给我讲述了这样一个反面例子。她说有个女大学生毕业以后想找份工作，结果她把担子直接撂给了她母亲。**小贴士：如果你想成为职业人士，就要像**

一个职业人士那样行事。

有一天，萨曼莎在工作时接到了一个意外的电话。

对方说："嗨，萨曼莎，我是萨莉，几年前我们俩曾经说起过某甲、某乙和某丙。"

萨曼莎完全一头雾水，不知道对方要干什么。

"萨莉，请问有什么事吗？"萨曼莎问。

"我女儿五月份就要毕业了，她在找工作。她很想到你们部门去。"

一听这话，萨曼莎本能地想：那为什么是你而不是你女儿打这通电话呢？这姑娘的老妈打电话帮她找工作？这位老妈不会还打算陪着她来报到吧？！萨曼莎好容易才克制住没问对方"令爱早就过了让妈咪帮着打电话的年纪了吧"。她礼貌地给萨莉解释，目前本部门没有空缺。但是萨莉不肯放弃。萨曼莎很想告诉对方，她再这么着，她闺女就不用想找到工作了；接着，她也考虑是不是该跟萨莉的女儿聊聊，给她也上上课。

萨莉不依不饶，她可一点儿都没打算接受"不行"这个答案。每次萨曼莎想要结束谈话，她总能想出她女儿是如何适合这家公司的又一个理由。结果，这通电话拖拖拉拉地打了一刻钟，萨曼莎给了萨莉一些很实用的建议和信息，才得以挂掉电话。下一秒，她的同事就扑进来叫道："这谁啊？！听起来太糟心！"没错，确实很"糟心"，萨曼莎都有种死里逃生的庆幸。

第二天在查看邮件时，萨曼莎突然看见了萨莉的名字。她诧异于萨莉居然又来联系自己；她很快将邮件转发给整个团队（最后我都收到了一份），让所有人都来“瞻仰”这封让她无语的邮件。我读完这封信以后，也不敢相信居然有这么糊涂的母亲。萨曼莎当然与我看法一致，而且她很慷慨地同意我分享了她诙谐犀利的点评（括号中的内容）。

发件人：萨莉·琼斯

收件人：萨曼莎·麦克纳利

主题：为我女儿求职

嗨，萨曼莎：

我给你的电话留言了，希望你记得我们昨天讲过电话。（不好意思，我忘了。我有健忘症）

我女儿对公关方面的服务非常感兴趣，她跟我说过她在高中时是辩论队的队长。（这两者之间有什么关系？！而且，“高”和“辩论”到底哪里需要强调？！）

我联系你，是因为你过去曾经帮过我。（不好意思，但是我还是不知道女士你是哪位啊？！）

我女儿想找一份全职工作，她想到你们公司去。你告诉她浏览你们公司的网站，看看有哪些部门她感兴趣的。她思想很开放，对于公关部很有兴趣。（我还是不明白，为什么这封邮件是你，而不是你女儿发的？）

我很自豪地告诉你，我女儿非常聪明，她可是提前毕业的。（呃，她都能让你帮她做这些，可见也聪明不到哪里去。）过去两个暑假，她都去实习了，干得很棒，你可以看到更多有关信息，就在附件的个人简历上。

下一年她会去纽约。她在你们的网站上看到大多数职位都需要相关工作经验。谁也不是一开始就有经验的嘛。（没错。但是正因为如此，她才应该自己来跟我说。）我们都希望你能带她进门。希望你能给她提供一次面试的机会。

如果你能将她的简历转发给培训部门和人事部门的负责人，我会万分感激。

祝好！

萨莉（是“妈咪”才对吧？）

萨莉使出浑身解数想确保女儿成功找到工作。她不是个坏妈妈，但是她没有意识到，这么做完全是在帮倒忙。从反面来说，她女儿也没有意识到，找工作不是亲力亲为，将会给用人单位留下多么糟糕的印象。老实说，我甚至猜测这姑娘其实知道她母亲在做什么。我猜她们之间是这么说的——“宝贝，我认识某某公司的人。我给她打个电话吧。”——“妈，谢谢！这太棒了！”

但是，真正的求职邮件应该是下面这样的：

发件人：露比·琼斯

收件人：萨曼莎·麦克纳利

主题：求职咨询

亲爱的萨曼莎：

冒昧联系你，是因为我了解到贵公司公关部似乎有个职位空缺。我从小到大一直都很喜欢贵公司，因为我母亲从某甲、某乙和某丙那里听说过你。你还记得她吗？她叫……

（以下从略）

这才是萨曼莎会正视的自荐信。如果你在求职的公司里有任何人脉和关系，大可以加以利用；这没什么，是种聪明的做法。可是，只知道找关系，完全不懂得什么时候该亲力亲为就有点儿糟糕了。让妈妈给自己跑腿只会显得你够懒惰。你可能还会怪你妈妈，但是假如那是我妈，我绝对不会让她给可能成为我雇主的人打电话的。

本来萨曼莎完全可以不理会萨莉的这封邮件，可是她无法对这种事坐视不理。为了防止这样的事再次发生，萨曼莎决定给这母女俩好好上一课。萨莉肯定会不好受，但萨曼莎认为自己有责任这么做。于是，萨曼莎给萨莉写了下面的这封邮件：

发件人：萨曼莎·麦克纳利

收件人：萨莉·琼斯

主题：回复：为我女儿求职

亲爱的萨莉：

令爱完全可以将简历发给人力资源部的某某。不过，我得告诉你，我认为你是在给她帮倒忙。我相信你是个好妈妈，非常想看到自己的女儿取得成功；但是，帮她把一切都做好，对她有百害而无一利。她必须自己联系工作单位。我希望你能理解我的话，也希望她找工作一切顺利。

祝好！

萨曼莎

信寄出后，萨曼莎就在等待意料中萨莉的爆发。但是你猜怎么着？萨莉居然发来了感谢信；她在信中解释只是想利用自己和萨曼莎的“私交”帮女儿探探路。萨曼莎解释给萨莉道，她女儿完全可以在自荐信里提到她母亲与自己认识。萨曼莎很高兴萨莉提起了这个话题，也希望最终她能帮助自己的女儿求职成功。

几周以后，萨莉的女儿终于给萨曼莎打了个电话，询问有没有职位空缺。有意思的是，全程她都没有提过自己的母亲，或是萨莉与萨曼莎之间的几次交谈。这样也好，过去的就让它过去吧。亡羊补牢，未为迟也！我喜欢大团圆结局，你呢？让我们为诚实欢呼三次吧！

从萨莉母女的故事中我们能吸取到什么教训？在毫无经验时想获得经验并不简单，我们需要想法，需要热情。你绝对有必要充分利用手头能找得到的所有资源，但是必须记住你希望给别人留下怎样的印象。只是攒出来一份漂亮的自荐信和个人简历还远远不够，你还需要采取行动。在成为一个真正的职业人士之前，你就要学着像职业人士一样行事。如果你希望用人单位能够考虑你，你就得向对方表明你首先是个对自己负责任的人。毕竟，假如对自己都不能负责任，有谁能指望你对自己的工作负责任呢？

第三章

写一份让人惊艳的自荐信和无懈可击的个人简历

不管是在我念书的那个年代还是现在，大学毕业生似乎都把毕业以后能去欧洲旅游一趟视作为必不可少的成人礼。但是，我从来不是将就的人，所以绝不会背个背包逛遍整个大陆，晚上随随便便找个青年旅馆过夜。当然，我也知道我没有这个“好命”。虽然之前在《DC时刻》实习得不错，但论经验我还是太缺乏了。只有一次实习经历，个人简历可不会太好看，而我的简历最缺的就是时尚业的实习经历。我很清楚自己可没有那些奢侈的时间，在暑假期间游玩。如果我想在时尚业找到工作，就要拼尽全力。所以，现在我得获取真正的行业内经验了。我在《DC时刻》认识的人都很可爱，可惜没有能用的关系。不过，我倒是得到了一点有用的信息。约翰曾经跟我说过，所有的大型时尚杂志都是某些大型出版公司旗下的刊物。以前，我从来没有听说过康泰·纳仕[①]和赫斯特[②]这两个名字。听了约翰的话，我的面前好像打开了一扇窗，窗外是一个全新的、令我无限向往的世界。你瞧，你永远都不可能知道自己能从一次实习经历中收获到什么。怀揣着在《DC时刻》得到的新知识，我又一次杀回报刊亭。

这次我买了所有我喜欢的高端时尚杂志。这些杂志的海报都曾经被我用来装饰房间的墙壁，现在它们则被用来装饰我办公室的墙壁。好高骛远可不好。所以，我把自己医学预科生的简历——现在可以加上一条在杂志社实习的经历了——给所有的这些杂志的时装部和配饰部编辑那里一人寄了一份。从杂志的发行人栏中，我弄明白时装和配饰是两个不同的部门。虽然我还不清楚具体这两个部门的职能有什么区别，但是我至少明白同时在两个部门做尝试总能增加成功的概率。我还把简历给康泰纳仕集团和赫斯特集团的人力资源部也分别寄了一份，并标明了我想实习的杂志社。

我把自荐信用电邮发给了上述所有的编辑——当然杂志社和收信人的名字都做了改动。我尽可能语气真诚，又不至于令对方反感。不过，我同时也很注意针对收件人对时尚的关注程度，微

---

① 全球最著名的媒体集团之一康泰纳仕集团的创始人，该集团总部位于美国纽约市，旗下有关于时尚、名流、美容、建筑、美食、旅游、人文等方面杂志。如《服饰与美容》《智族》《名利场》《悦游》《纽约客》《连线》等，均在世界杂志Top100排名前列。

② 美国报业主，赫斯特集团的创始人，该集团总部位于纽约曼哈顿，为美国出版界巨头和多元化传媒集团，旗下业务主要涉及日报、周刊、杂志期刊和电视台等。除此之外，还涉及电子商务、电视生产、报纸发行、房地产等综合性业务。

调了信中的某些内容。此外，如果我给同一家杂志社的多个人都发了邮件，我会确保他们收到的内容有所区别。

亲爱的约翰逊先生：

我叫阿莉扎·里希特，是马里兰大学的一名大四学生。我目前的专业是神经生物学和生理学；自从高中起我就为成为一名整形外科医生而努力。但是，去年暑假当我在当地一家医院实习时，我很难过地发现我对于医学的热情已经消失了。在认真考虑之后，我确认自儿时起我对时尚的热情就一如既往，从未消减。从小到大，我房间墙壁上贴的都是《高定》的海报，我是看着这些海报长大的，时尚带给我无数的感动和激情。但讽刺的是，我虽然如此热爱时尚，以前却从未意识到它其实可以成为我的职业。

我决心要更好地了解这个行业，以期积累足够的经验，最终能获得在《高定》杂志的实习机会。我曾在《DC时刻》实习过，因此对于一本杂志的编辑部门产生了浓厚的兴趣。不知我是否有这个荣幸，今年暑假可以在贵刊学习杂志制作的整个流程？随附是我的个人简历，供您祥阅。

预致谢意！

阿莉扎·贝恩菲尔德谨上

我觉得直接告诉对方我一点儿经验都没有也没什么。虽然，我之前犯了错误，但是有了这些编辑的帮助，我希望可以改正这个错误。我本来就喜欢直来直去，也认为坦诚一点儿会帮助我赢得大多数人的信任。我相信诚实有种独特的魅力。**小贴士：如果你的个人简历在工作经验这一块很明显是空白的或者是乏善可陈的，最好坦率地承认。**

这份发给《高定》的自荐信起作用了，对方发来了接收函，允许我在他们的配饰部实习。我的梦想实现了！

实操指南：如何撰写令人惊艳的自荐信

坊间有无数书籍是关于如何撰写自荐信的。我一本也没看过。接下来我要告诉你的所有该做和不该做的事完全是基于我多年来的实际经验。我知道什么样的自荐信让我中意，什么样的自荐信我不喜欢。如果你能将其中一些基本知识都掌握，那是再好不过了！因为就我多年来的所见所闻，有太多人连一些关于自荐信的基本常识都很缺乏。再说，了解这些常识对任何人都有百利而无一害，因为没有什么比进入职场之后却还犯一些菜鸟级的错误更糟糕的了。

1.正确书写收信人的姓名。（做不到的人不配得到工作！）

2.以正确的职务头衔称呼对方；职务头衔必须书写正确。不要说你找不到正确的职务头衔。如果网上找不到，就打电话去问！**小贴士：绝对不许使用简称！简称显得随便、懒散**。

3.正确书写公司名称（多少次我收到“贵公司死忠粉丝”寄来的自荐信，居然连他们喜欢的公司名字都没弄清楚。这些人不是在搞笑吧）还有，浏览该公司的官网。**小贴士：谷歌搜索出来的结果什么都有，还有网友自己编写的内容，上面给出的公司名称有时候根本是错的！谷歌的搜索结果没有官方认证；维基百科的信息也不是完全准确的！**

4.遵守正确的书信格式。**绝对不能**使用短信体（你和对方还不是朋友）。把“亲爱的”和“此致敬礼”之类的表述挖出来吧，你会用得上的。

5.仔细选择字体。一般工作邮件我倾向于Arial字体。如果是更加私人的邮件，我更喜欢Century Gothic字体。不过，请你千万千万不要用Comic Sans字体写自荐信，其他太过个性的字体也不要用。你选择的字体应该与你想求职的行业保持风格一致。比方说，如果你想进入一家法律事务所，或许Times New Roman字体会比较合适。

6.字号不要超过10号。字号越大，看起来就越不正式。字体小一点，可以给收件人一种“你很懂得工作邮件的规范、为人也比较克制”的印象。

7.不要所有字符都用大写，满篇大写看起来像是文字都在尖叫。每次看到通篇大写的邮件，我就觉得自己的头发都飞起来了!

8.不要使用感叹号。你听起来应该像个职业人士，而不是舞台剧演员!

9.不要使用过于可爱或者懒散的标点符号。表情符号在工作邮件中一般是不许使用的——除非你与对方已经成为关系非常亲近的同事。同理，LOL、IRL[①]之类的网络用语也禁止使用。只要是暗示亲近关系的字符都需要避免。比方说，很多时尚业的从业人员习惯在信件末尾留下一个亲吻对方的符号:

阿莉扎 x

这么做的前提是，你与发邮件的人至少彼此认识。在求

① LOL=laugh out loud，大笑；IRL=in real life，在现实中。

职时可千万不能这么做。记住：如果你想给未来的雇主留下好印象，就绝对不能使用不正式的表达。懂[①]？

10.如果你之所以发邮件给对方是受到旁人指点，一定要在自荐信开头指出来。比如：

亲爱的简：

甲先生建议我向您了解贵部门最近空缺的经理一职。

显然，这位甲先生最好曾经的确给过你这样的建议。为了拉关系而拉关系，最终结果都不会太好。

11.在自荐信中简要提及你曾经共过事的同事，以及曾经取得的成就。记住：这些信息应该与你正在申请的工作有一定关联。你的目的是要引起用人单位的注意。但是，不要太啰唆。你得在很多可说的信息之间做个取舍——即是说，只选取最重要的信息。这里有个小建议，你可以想象自己要上一个早间节目，新闻主播只给你六秒钟时间介绍自己，之后就要进广告，那么你会说些什么呢？

12.在表达对于该用人单位的向往时，必须有点儿干货。只是说你想在“公关部门”工作不够，你得解释一下

① 原文使用了一个反讽和幽默的表述——K（即OK的口语化表达方式）？明显是在幽默地反面证明自己的观点。所以使用了一个时下还算流行的非正式表达。

为什么你想在这家公司的公关部门工作。**小贴士：重点永远是用人单位（不是你）**。

13.可以提及该公司最近某项让你真心仰慕的成就。这可以表明你真的在关注他们，是个真粉丝。当然，如果你其实不是该公司的粉丝，假装总会吧，亲！

14.尽快进入主题。啰唆半天不进入正题，是最让人无法忍受的。

15.写完以后多看几遍。认真地看！

16.最后，从后往前倒着看一遍。没错，倒着看。我们在倒着阅读时，会自然而然地放慢速度，这样有助于我们抓出错别字、错误的标点、语法等看得太快又很容易忽略的错误。

17.如果你打算用电子邮件发送，把自荐信放在邮件的正文部分，简历则作为附件发送。人人都想省事，如果一看有两个附件，很多人都会懒得打开。

18.如果可以，能用GPS定位你的简历就更好了！把简历上传到“共享文件”系统。这样，你就可以追踪这个简历。只要简历被下载，或是文件链接被分享，你马上就能知道。不过，你的自荐信还是要放在邮件正文里，记得在邮件里提醒收件人下载你的简历；

19.不要在邮件中留下诸如“我会在下周打您电话询问后续事宜”这种话。因为：第一，对方可能就干脆不联系你了，反正你总会主动联络他；第二，要是到时候你因为什么原因忘了打电话呢？无论是哪种情况，结果都不会好。

20.邮件末尾记住对于对方愿意考虑你的意愿“提前”表达谢意。我喜欢最后加上这么一句，因为这样一来邮件看起来更漂亮，而我其实也不用特别去做些什么。

这个时候，我的简历上关于时尚的部分基本乏善可陈。但是我至少可以做到不会因为选错字体、措辞不得体、表达幼稚等低级错误毁了自己的机会。好的简历就是要把所有与你申请的职务相关的内容都包括进去。例如，如果求职者曾经有过管理办公用品的经验，这可无法打动我。不过，如果你说自己可以通过调整办公用品的采购渠道，将办公用品的月成本降低15%，那我肯定会很有兴趣。你所列出的技能必须对你的用人单位有一定价值。你的工作经历对于你申请这个职位有何助益吗？不必把所有细节都一一列出。我对于你念书时加入了什么社团没有任何兴趣。我只想知道你在大学时的经历对于公司的发展有没有任何促进作用。所以，假设你是你们社团的领导，那我或许还会有点儿兴趣，至少我知道你有过管理别人的经验。这样的经历就有必要在简历里列明。如果你还是不清楚到底有哪些经历是应该写入简历的，你可以对其中的每一条都问一句“我的面试官会感兴趣吗”这样的话，你的简历应该会比较漂亮。只要你无法回答这个问题，就从简历里面删掉。

实操指南：如何撰写令人惊艳的个人简历

我曾经看过数百份简历，基本上一眼就可以确定其中哪些根本没有看的必要。我之所以把某些简历扔进垃圾桶，是因为撰写这些简历的人一点儿都不走心，基本常识都一团糟。所以，我会更进一步，告诉你一些撰写个人简历的常识——可惜，很多人完全不具备这些常识。

在明确自己心仪的工作单位之后，一定要确保自己的简历风格与其保持一致。比如，你想申请一家金融公司的总裁行政助理一职，那你还是放弃薰衣草香味的信纸和式样繁复的花式字体吧，因为它们更适合婚礼邀请函。我是个视觉系，纸张的颜色和质地，以及使用的字体会强烈到左右我对求职者的观感。所以，在准备个人简历时，千万记住：在收到面试通知之前，用人单位对你的印象完全取决于这几张纸。那么，你觉得自己的简历应该是什么样的?

1.开篇就点明你的目标，尽量向你想要应聘的职位靠拢。即是说，你可能打算应聘同一个单位的几个职位；那样的话，你得根据不同职位的需求稍稍调整自己的目标。行文要简洁、切题（举例而言，假如你在应聘公关部的职位，却在求职目标里面同时还列出了市场部，这会让用人单位认为你要么根本不了解这两个部门的区别，要么就是你打算应聘不同部门，但是在撰写简历时太马虎了，没有注意到这一点）。

以下同是应聘公关部门，但是应聘的公司不同。让我们看看应聘目标有什么不一样——

目标：本人欲应聘某时尚奢侈品牌公关部一职位。

目标：本人欲应聘某时尚杂志公关部一职位。

目标：本人欲应聘某面向时尚品牌的公关公司一客户经理职位。

这三个目标表明应聘人想应聘的部门都是公关部，但是每个目标都很明确地表示了特定的用人单位。如前所述，想用一份简历搞定所有应聘单位，这是不可能的!

2.将所有工作过的单位正式列明（即，写明单位全称，不要用简称），同时明确列出你当时的职务。

3.列出你在担任该职务期间的所有成就——不限于职责范围内的成就。**小贴士：比起你的分内工作，你实际做过什么更加重要**。

4.在列出各项成就时试着加入具体数据。比如，只是写你“开拓了公司的业务”还不够，你得写得更加具体，像是“使公司的业务量增加了5％”这样的数据。

5.不要把明显是整个团队的成就列出。例如，实习期间，你所在的团队发展了三名新客户。如果你把它作为自己的成就列出来，我是肯定不会相信的。**小贴士：简历务必真实，不然人们一眼就能看出来**。

6.把每段工作经历的起讫时间都列明；距今近的、关联性大的列在前面。

7.描述个人技能时尽可能表现得老练些。例如，不要只说你“擅长社交”；要说明你熟练掌握社交媒体，具体对甲、乙、丙这三个社交平台尤为擅长，本人还有一个人数多达（具体数字）的粉丝群。

8.列出你的所有联系方式。不要把不适当的联系方式列出来。比如，你不能在工作时间接打电话，就不要把工作电话列上。最方便联系到你的方式一定要列上，因为你到时候一定会希望自己尽快回复。如果用人单位给你打电话后过了四天你才回复，那么结果不会太理想。如果你想在简历中列出社交媒体信息，请放在简历最后，因为你肯定不会希望你应聘这家单位的事给全世界人知道！

9.不过，在列出社交媒体信息之前，你得了解一件事：你的应聘单位有可能会去你的社交媒体看看。你介意吗？即便你不介意，其中有些文件还是应该设置隐藏，有些不太妥当的帖子更是删除为妙。

10.使用与招聘信息上类似的关键词。这样可以节省别人的时间。关键词尽量简洁。比如，招聘信息上如果列出某个职位需要的技能关键词，可以完全照搬到自己的自荐信上。

11.如果你有某段时间工作经历是空白，最好说明当时你在做什么。尽量使用对你有利的说法。比如，如果当时你是去印度旅行了，那么解释一下这段旅程将如何有助于你在你想应聘的职位上做得更好。不管怎样，不要开天窗。

12.如果你觉得某些工作经历不太重要，或者与你想应聘的工作关系不大，删除也无妨，只要不会给你的简历开天窗。

要知道，我们之所以说“第一印象”，是因为你没有第二次机会，所以，你必须精心打造自己的自荐信和个人简历。好的自荐信和个人简历才能保证你获得面试的机会。不过，就像在约会之初，每一次会面你都要发挥出个人的最好水平。这些写在纸上的东西并不是不可更改的，你每看一次，就能让它们更加完善一些，直到你将它们寄出。我可以跟你保证，你每看一遍肯定都能找出新的错误，也能让你列出的信息更加完美。甚至有时候你都不敢相信你怎么会把某些东西写到里面去！如果能够在撰写完自荐信和简历之后，隔一段时间再去看，就更好了；这时候，你甚至会产生某些新鲜的想法。当然，最重要的始终是：所有的一切都要与你应聘的职位息息相关。

第四章

将实习进行到底

我记得在《高定》实习的第一天，母亲开车送我去纽约。我当时既不知道应该穿什么，也不知道需要做什么。不过，其实也无所谓，因为根本没人注意到我；要是有人往我这个方向看过来并且眨眨眼，都算好运气了。这也是好事，因为没人认识我，我就可以大大方方地四处打量，观察大家如何着装、如何交谈、彼此之间关系如何，等等。我的上司是个充满活力的人，名叫迪恩·约翰逊，有种孩子气的英俊，一头棕色卷发，笑容异常讨喜。他在《高定》工作好多年了，见面没多久我就知道迪恩肯定人缘特好，工作能力也强。他手下有两个组员：卡拉和梅瑞迪斯；卡拉级别更高些，有着很特别的橄榄色肌肤，好像在告诉所有人“我刚刚度假回来”。她性子也很温和，所以与她共事很舒服。梅瑞迪斯是个土生土长的纽约人，犀利程度和她的鞋跟高度有的一拼。梅瑞迪斯擅长活跃气氛，有她在的时候，整个办公室的气氛都很欢快。他们三个人关系极其融洽，营造出了一种既轻松又愉悦的氛围。如果说我在时尚圈的职业生涯就像一场漫长的学习，那么他们就是我的启蒙老师。

迪恩主要负责编辑各种配饰，根据他对于《高定》读者的口味研判，确定接下来的流行趋势。他会仔细将各种配饰进行筛选、搭配，以静物的形态将它们摆放妥当。他还为时装部提供拍摄时模特的配饰建议；他会把所有的想法跟时装部的主管很快地过一遍，双方一起决定最终的拍摄方案。我在《高定》学习到，哪怕事先准备好的时装和配饰，最终也未必会真的进行拍摄；我还了解到，即便其中有些真的拍下来了，最后定稿时也可能会被拿掉。

每次为了拍摄必须“征集”相当大量的配饰。卡拉和梅瑞迪斯认识公司公关部的人，与外面公关公司的人也很熟；这些公关们分别代表了不同的设计师。基本上，都是公关去征集，也就是向设计师短期租借配饰样品，之后还会归还。而这，就是实习生的工作了，将借来的配饰一一“登记录入”。实习生在登记时必须用宝丽来相机（没错，就是宝丽来相机，用胶卷的）给每一件配饰拍照，登记借入时期，以及归还日期。整个入库流程相当烦琐无聊，但是非常有必要。因为有些设计师有时候每种配饰只会制作一件样品，而这件孤品则可能在全世界被到处出借几百次。

如果卡拉想借一只普拉达包包用于拍摄，那么从公关那里她可能会得到以下几个回答：

1.这只包包某日到某日才可以外借；

2.这只包包现在借不到，因为被其他拍摄单位借用了（对方绝不会说是哪家杂志借去了）；

3.这只包包现在借不到，因为被明星甲借去了（为起到震撼效果，该明星身份肯定会告知）；

4.这只包包正在参加展会。（一般而言也不是真话，真相多半是第2条原因）

所以，如果卡拉幸运地为迪恩借到了某只令很多人趋之若鹜的手袋，就一定会附带一条需要严格遵守的“归还日期”为条件。如果我们弄砸了，未能如期归还，以致这位公关手里的另一场拍摄不得不延期，那么她很可能以后都不会再借给我们任何珍贵的样品了。

样品借回来之后统一存放在杂志社的库房里。这个库房其实也就是个大房间，里面塞满了各种架子，上面摆满了价值数千美金的配饰。在这里你能找到所有奢侈品设计师的作品。库房里数以百计的鞋子、手袋、帽子、围巾、皮带，以及一托盘一托盘的人造珠宝[①]。这几乎是每个女孩子做梦都想要的衣橱，自然也是

① 与高档珠宝不同，这些珠宝都是用作服装搭配的。

我在杂志社最喜欢的地方。我的工作就是进行库房管理，确保所有鞋子都按照颜色、式样妥善摆放好；包包都放在一起；皮带全都挂起来；珠宝都精心地陈列在托盘里，下面垫着天鹅绒。我还给自己自封了一个头衔——除尘官，因为总是会莫名其妙地积灰，哪怕天天打扫都没用。

如果什么时候你觉得周围的一切都充满了乐趣，你就有可能会迎来人生的一大契机。每天早上，我都是第一个到办公室的，晚上也是最后一个离开的。我从来都不会坐着不动，总是询问还有什么我可以做的。我总是想在前面，推断下面需要做什么，这样在迪恩吩咐我的时候，我就可以快乐地说我已经做完了。**小贴士：预测上司的需求**。我努力地学习，问问题，从不浪费哪怕一分钟，总是想学到更多。我一门心思想的都是工作。

积极的态度是最为人欣赏的一种技能，如果你有足够的精力和热情，对于工作，不分大小都能态度积极，那么你在职场中一定会走得很远。如果下属心里想着“天哪，好傻！我才不要费力做那个呢”，其实上司都看在眼里。这种态度就不够积极。你得站在大局的高度去看待每一项工作；所有的工作总有其价值，所以无论你接到的是什么工作，都要满怀自豪地完成，哪怕当时你无法理解这么做有什么意义。而且，如果上司吩咐你做的事你不太想做，还当场发脾气，那么我敢保证，下次有美差，你上司也绝不会交给你。

我对实习期间的一切都欣然接受。日子一天一天地过去，我和周围的同事关系也越来越融洽。迪恩和卡拉还有梅瑞迪斯人又热情又和善，我很容易就觉得自己真的成了这个团队的一分子。终于有一天，我下定决心提出了自从第一天就在困扰我的疑问。

我对迪恩说："我是怎么得到这个实习机会的？我实在很好奇，因为我甚至都没有相关的工作经验。"

迪恩从对面俏皮地朝我眨着眼睛说："亲爱的，这就是为什么我们想要你啊！因为你有新鲜的视角。而且，热爱时尚和有没有经验有什么关系。再说，你的自荐信酷毙了。"

这就是原因了。选择坦诚以告是正确的；而且，这次我没有相关经验并不重要。

从那时起，我有了一种更加强烈的归属感。但是，我还是谨言慎行。如果他们三个人都严肃，那我也严肃；如果他们玩闹，那我也随大流，不过我总会注意不要像他们那么放松。**小贴士：根据上司发出的讯号调整自己的言行**。最开始的时候，不要玩闹过度，因为这会让你的上司暗自琢磨"不过是个实习生，怎么可以这么轻松"。诀窍就是要密切注意周围同事的反应。优秀的脱口秀谐星[①]总能注意到观众什么时候开始走神。你得注意在你过于高调时周围的人有什么反应，如果大家显得比较尴尬，那你就得收敛一下了。

所以，即便我感觉很舒适，也认为自己还挺讨喜，但还是懂

① 相当于我国的单口相声演员。

得分寸。编辑们在赴重要约会，或参加晚会时经常会从库房里借用配饰。库房实际上就是他们的衣橱。我很清楚，在这里干了一阵子之后很容易就会有一种这些配饰都是属于你的错觉。但是，我从来不敢心存这样的奢望。

有一天，我正在库房，手里拿着一双美得惊人的玛丽·简叠层鞋跟单鞋。我不想说谎，我真的已经开始不由自主地幻想这双鞋跟我的衣服多么相配了。今晚我要跟朋友们到布莱恩特公园[①]喝几杯，如果能穿着它们该有多棒。这时，梅瑞迪斯走了进来，她一眼就看出来我在想什么。

“你想借这双鞋吗？”她问。

“啊？这怎么行……”这话说得真是没有半点儿可信度。

“怎么不行！”她说：“好好享用吧。记得明天还回来就好。”

喔！！！当时简直难以表达我的兴奋之情。这不只是因为我可以踩着这么酷的鞋跟出门，更因为梅瑞迪斯她信任我。我真的成为他们中的一员啦。

晚上我穿着玛丽·简单鞋跟朋友们共饮时，可把她们羡慕坏了。其实，连我都羡慕自己呢。突然觉得自己好像身价百万一样。一双美鞋、一件美服、一件漂亮的配饰就能改变一个人的心态，让她变得更加自信，多奇妙啊。好像只要穿着这双鞋，我就

---

① 纽约时装周的举办地。

无所不能。补充说明一下，后来我真的在样品特卖会上把这双鞋买下来了，结果却狗血得不行：在麦迪逊大街上，我走到半路鞋跟居然断了！可是，那又怎么样（*S）[①]！

脚踩高跟鞋行走自如可是所有时尚编辑的必修技能。事实上，当时还有传闻，某些高端杂志社甚至都不许员工穿平跟鞋。谢天谢地，没人会管我这个需要天天上演夺命狂奔的实习生是不是穿着平跟鞋。

有一天下午，雨下得很大，我接到了任务，得出去跑一趟。有个编辑跟我说："阿莉扎，你能不能火速把这双袜子送到林肯中心的拍摄现场？十万火急，所以打个的吧。"我连雨衣和雨伞都顾不上拿就冲出了公司。当然，在下着雨的纽约想要打到的，概率不会比买的彩票中大奖更高。所以，我只能搭地铁。等我到达林肯中心，冲过巨大的开放式中庭时，全身上下都湿透了，但是我一点儿也不在乎，因为我拯救了今天的拍摄！我跑进大楼那劲头就像是在把一颗刚刚摘取的心脏送到移植手术室一样，我的到来真的能够拯救生命似的。"这是给你的，保罗。"我上气不接下气地对拍摄现场助理说。他一把抢过我手里的袋子转身离开。

然后——就没有然后了；没有人排着队感谢我；没有人说"你是大功臣，阿莉扎！"我都不知道那时候我怎么会对收到感

① 作者自己发明的表情符，详见261页相关词汇。

激抱有这么大的期待。但是，那一天我意识到，要想让人认可我付出的努力，还需要很长的时间。“谢谢”这两字好像完全就不存在于时尚圈的字典里似的。**小贴士：不要期待别人会感谢你，或拍拍你的肩膀。你之所以竭尽全力都是为了你自己**。

回到杂志社时我感觉有点儿挫败，但总的来说还是挺激动，因为我刚刚亲眼看见了真正的拍摄是什么样的，虽然只有那么一小会儿。我就是光荣地跑了一次腿，怎么样呢！今天，你能穿着设计师品牌的鞋子在布莱恩特公园与人饮酒；明天你可能还是个淋成落汤鸡也得不到一声感谢的小喽啰。这些都不重要，重要的是我知道未来的某一天，我将会扮演更有分量的角色。**小贴士：低下头，做好自己的工作**。

在《高定》顺利地工作了几个月后，我想或许我可以继续获得更多的行业经验了。我问迪恩，是否可以把我的实习时间减到四天，这样我就可以到别处实习了。他毫不犹豫地同意了。请注意：如果不是确定我在《高定》扎扎实实地干了足够长的时间，而且也向迪恩证明了自己的价值，我绝不会贸然提出这个请求。我知道他不会反对是因为他很清楚我有多么努力、多么投入。我也知道他明白我想干什么。

杂志社里的另一个时装编辑听说我想再找一个实习，就告诉我她有个亲戚家的姐妹是《小镇》杂志的时装编辑，她们那里可能需要实习生。她给对方打了个电话，帮我安排了一次电话面试。然后——搞定！我得到了每周一天的新实习机会。周五我就要去《小镇》杂志社工作了，但愿我可以在那里学到更多的实用技能。当然，最重要的是我在简历上又可以添一笔了。

后来想想，如果说《高定》是实习期的天堂，那么《小镇》一定就是地狱。首先，《小镇》杂志社严格说起来并不能算一家时尚杂志，所以，临时组建的时装部只能挤在狭小的、以鲜花和红木家具为主要装饰风格的会议室里（真的，我几乎想象不出还有什么地方的装修比这间会议室更加不时尚）。其次，人很多，这也不错，因为人多给人一种安全感；但是个人空间就非常有限了。此外，我们的工作时间简直就是不正常。有时候，两点钟我们还在这个会议室里加班，为拍摄做准备。

而最令人无法忍受的一点是，时装编辑琳恩简直就是个噩梦。她看我们的眼神就好像我们都是地上的尘土，她从来都不是跟我们说话，只是在发布命令。也就是在这里，我上了宝贵的一课：知道了什么事情不应该做。真有意思，有时候别人的恶形恶状反而最能让我们成长。

之前我能在《高定》遇见呵护下属的上司，真不是一般地幸运。所以，我在这里的体验非常新鲜。反正最后我只需要在简历中列出曾经在这里实习过，最后拿到一封闪亮的推荐信走人就可以了。**小贴士：不要抱怨。无论发生什么，尽可能充分地利用实习期。**

五个月的实习结束了，我终于把时尚业的大门推开了一条窄缝。所以，当《工作室》杂志有了个配饰助理的职位空缺时，迪恩推荐了我——呃，其实，他几乎是威胁《工作室》那边，如果不要我，他就干掉他们。我一辈子都欠迪恩的恩情，他就是每个人在一生中的某个时候想要突破时最期盼的仙女教父[①]。

总会有那么一个人，他会给你机会，将你护在他的羽翼下，将你引领到一个全新的方向。如果你发觉身边就有这样一位愿意慷慨地对你倾囊相授的导师，你绝对应该投入时间和精力夯实这条人脉。不幸的是，因为工作关系我们可能很难在一个地方安顿下来，很容易会与某些人失去联系；不过，只要你能努力保持初心不忘本，还是可以建立起这种导师/学生关系的。一定要经常告诉导师你目前在哪里，近况如何。如果你考虑变动工作，导师是最有可能为你提供机会的人。如果你按照他的建议行事，且结果很顺利，一定要让他知道，他知道自己做对了，真的有帮到你，这样他一定会感到很高兴！每一次从导师这儿得到支持，千万不要忘记表示感谢。亲手书写的感谢信可以帮你走很远。时不时地，你还可以选一些表示感谢的小礼物送给导师，鲜花就很好。礼轻情意重，你的导师会知道你真的重视他的建议，也很珍惜他为你所花费的心血和时间。这种师生关系的建立宜早不宜迟，因为日后你爬得越高，这种关系于你的助益就会越大。**小贴士：寻找一位导师，或是好心人，与其发展一段长远的、认真的职业关系。**

① 此处借鉴《灰姑娘》等西方童话中仙女教母的典故。

实操指南：成为明星实习生

当你第一次踏入真实的工作环境，特别是刚刚开始实习的大学生，不要忘了自己的初衷：最主要的目的是为了学习实用的技能，让你的简历更加好看，同时从实习主管那里拿到有力的推荐。你不能在实习时想着“哎，我就是个实习生，这种经历也没什么大不了的”。有很多人就犯了这个错误，抱着这样的想法，因为他们以为自己反正不是“真正的”员工，做好做不好都无关紧要。恰恰相反，你在实习期间的表现非常要紧，因为你要证明自己，有能力进入职业领域。

到你实习结束时，你的上司会请求你留下来。他会说“你走了以后我们可怎么办啊”，诸如此类的话。这，就是一种持久的印象；这，就是一份最好的推荐信。那么，怎样才能达到这种效果呢？

1.按需着装。你的穿着打扮与办公室文化越契合，同事越容易接纳你。可能你马上就要开始担心了，因为你没有足够的置装经费。听着：试试打折商店，或者先问朋友借。我和我妹妹穿腻了自己的衣服后就会换着穿；感觉和买了新衣服没什么两样。如果你有足够的经费，可以先从配饰买起；高品质的鞋子或手包很难山寨。如果拿不准应该穿什么，选黑色总没错。注意衣服的式样：在办公室里千万不要穿露肩或露出事业线的服装；迷你裙更是想都不用想。按说你应该不至于不懂，不过我还是以防万一提醒一下，不要穿得像是要去夜店。男士们，对于你们，注意事项稍稍有点儿不同。因为某些缘故，男士容易忽视一件干净、挺括的衬衫有多么重要。不要让你的衣服看起来像是刚刚从床上爬起来似的。衣服不清爽，会让人认为你连脑筋也不清爽。

2.提前了解实习单位。如果你知道有什么人是在你的实习单位工作的话，上网搜索他们、了解他们、记住他们。如果你连这个单位的老总是谁都不知道，那是不可原谅的。特别是当你恰好跟他搭乘同一部电梯时，你肯定不想因为不认识对方结果全程对他视而不见吧。如果你够聪明，最好也一起了解一下你未来的同事。从网上的照片里仔细阅读他们的身体语言：他们真的在玩笑打闹吗？还是很严肃、很僵硬？他们是否曾经说过什么然后被人引述？都是什么话？他们的风评如何？假装你是个新闻调查记者，你总要得出点儿结论，知道你即将工作的环境是什么样的。**小贴士：了解别的游戏玩家，不然你不会知道这个游戏该怎么玩**。

3.守时。不，如果能比别人都早到，那就更好。如果上司来之前，你就已经到了，这绝对是加分项；而如果你可以在前一晚就问上司第二天需要你做什么，那么不用多久你就能成为闪亮的新星了。不断要求进步、精益求精，最后总会有所收获，我可以跟你保证。不过，如果你胆敢迟到，猜猜别人会怎么看你？你在向同事发出“我才不在乎这份工作”的信号。你还是早点儿洗洗睡吧，职场不适合你。

4.记住自己的实习生身份。你只是在这里实习，还不是正式员工，跟你的同事不一样。除非上司主动问起，不然千万不要大谈特谈你和你男朋友吵架了，或是昨晚晚餐吃了点儿什么之类的，更加不要透露你之所以今天这么没状态是因为昨晚去参加派对，今天凌晨三点才回家这事。另一方面，上司也不喜欢被你盘问，所以不要问个人问题。如果今后你们的关系足够亲近，他自然会愿意跟你说自己的私事。不过，就是到那个时候，最好还是只听就好，千万不要大嘴巴。等上司主动表示你们“是朋友了”时比较好。**小贴士：谨慎选择该对上司说什么**。

5.主动点儿。不是所有的领导都擅于下派工作，引导方向。所以你得更加主动些，自己找活干，这样才能在职场走得更远。一个实习生手头没有活干，就一动不动地呆坐着，这是最糟糕的。假如你不知道应该干什么、能干什么，至少可以问吧？

6.懂得察言观色。在刚刚进入一个单位时，你得密切注意这里的文化和氛围。这里是不是很热闹？还是很严肃？大家是不是都把午饭拿回办公室吃？你应该听说过那句老话了，入乡随俗？没错，职场也是一样。你得关注周围出现的某些线索，努力模仿你的同事。如果所有人上班都穿黑色，而你偏偏不走寻常路地穿红色，那就太高调了，结果不一定是你想看到的。还是等到你已经站稳脚跟后再说吧。

7.不要过于好奇。有人曾说“世界上没有愚蠢的问题”，这句话是错的。所以，放过你的上司，在问问题之前先动动脑筋。我宁可听人问“康泰纳仕集团在世贸中心一号楼。我就是想确定你是想把包裹寄到这里”，也好过“康泰纳仕集团在哪儿？”这种问题。

8.不要八卦。你在一个单位待了足够久的时间，就会意识到办公室和高中很像，八卦满天飞。不过，不要搅和进去。闭上嘴，不要传些和你一点儿关系都没有的闲话。当然，不是在办公室里也不要传八卦。很多八卦开头都是“我有个在某某公司实习的朋友，她听说……”。最后，这个某某公司的人总能听到风声。世界很小啊。

9.是、是、是。只要是与工作相关的，你只需要回答“是”就好。不要口是心非，不要虽然说了“是”，却一脸不高兴，或是叹气或是翻白眼。你要意气风发地回答“是”。你不能让上司觉得好像是在强迫你。而且嘴上说“是”，身体语言却在说“神烦”，这对一个实习生而言可绝不是聪明的举动。当然，如果上司让你做的事让你感到排斥，那就不要做。没有什么工作值得你放弃自己的原则！你会知道这具体的界限在哪儿。

10.不要当僵尸。有时沉默会被误解为对抗。所以见到同事时，应该主动打招呼。如果手头没有事情做，就主动要活干。自己积极些。接到指示时反应要快。我知道有时候与上司交谈会让人感到紧张，但是和上司相处越多，在他面前你也就越能说得上话。

11.不要僭越。希望能见到大老板，这一点儿也不奇怪，但是你的直接上级才是你应该讨好的人。要是他见你对他不以为然，转身却去讨好他的上司，他的心情不会太美妙的。一个部门的上下级别关系非常重要，大家都很重视，你也应该重视。

12.社交媒体。一天下来，你会忍不住想把自己的经历发到社交媒体上去。不过，还是专心工作吧。记住，大家可都能看到你发的帖子。你肯定不想给同事留下一个不把工作当回事的员工印象吧；或者让人觉得你其实心有旁骛；或者更要命的是，被人抓到你在背后讲同事——即使你没有具名——的坏话。所以，哪怕原本不需要说，不过为了以防万一我还是要啰唆一句：不要把你的实习经历发到社交媒体上！对办公室里发生的一切都要守口如瓶。**小贴士：在社交媒体上发帖之前——哪怕是下班以后——先仔细阅读单位的有关规定**。

我会在后面的章节对社交媒体做详细说明，不过鉴于这个话题对你的职业生涯如此重要，就在此提前说明一下。

你可以这么想：你是想在单位里树立一个好名声的，所以不要名声还没有确立，反而因为在你个人平台上表现得太不专业而搞砸了。**小贴士：你肯定不希望自己的社交媒体给人造成一种负面印象，给你的同事带来错误的影响**。

一些简单的建议：

◆不要关注你的实习主管或把对方加为好友。如果整个实习期下来，你们俩的关系已经很融洽了，可以在实习期结束以后考虑这么做。

◆领英也一样！你的实习主管既不了解你，也不知道你工作能力如何，不会想主动联系你的。等到你在实习期间证明了自己，那么结束实习以后再说吧。

◆如果实习主管先关注你或加你为好友，那么你可以回应；不过，在对方开口之前不要找对方聊天。我知道，你可能觉得我很龟毛，认为在社交媒体上建立联系没什么大不了。我可以负责任地告诉你，这么做过犹不及，还很冒失。

◆一旦跟你的主管在社交媒体上建立了联系，最好特别小心你要发的帖子。这虽然会让你感到束手束脚，但你也只好忍着。哪怕这是你的个人平台，规则就是如此。

话又说回来，在实习期开始之前，通过社交媒体联系单位或公司高管倒是个建立人脉的好方法。我在社交媒体上就遇见过很多学生是通过社交媒体上认识的人找到实习机会、甚至工作机会的。本书“自序”中提到的珍娜就是个最佳例子。不过，我得提醒你一句：通过社交媒体联系单位，最好是在你确定要在那里实习之前，或是已经实习结束之后。

13.依靠集体。你周围都是专业人士，千万不要浪费这个可以向他们学习和取经的宝贵机会。我相信每个人都有大把经验可供你学习。每隔一段时间就问问他们对你的表现有什么反馈，也是种很聪明的做法。发现问题及时改正，总好过“永远不知道自己有问题”，以及“你都已经准备离开了才知道自己有不少问题”。这样做也是给你自己一个机会，可以不断刷新实习主管对你的印象，所以不要放过这个机会啊！建设性的批评只会让我们进步；而且，当你主动提出时，你的实习主管会更方便坦诚相告。

14.优雅地离开。走的时候不要忘了感谢你的实习主管。**小贴士：确保自己没有漏掉任何一个人；只感谢顶头上司是不够的**。**如果你觉得自己干得还不错，请他帮你写封推荐信**。其实，实习单位任何你认识的同事，你都可以请对方帮你写推荐信。推荐总是多多益善嘛！把这些推荐信都妥善保管好，等有一天你需要的时候找起来就很方便了。因为职场流动性强，最好能要到同事的私人联系方式。当然，你们可以通过领英联系，但是有时候，高管们可能会觉得有点儿唐突，因为往往是你想找他们，而不是他们找你。不要忘了，领英对于你而言是个网络，对你的主管而言又何尝不是?

拿到推荐信不代表万事大吉了。你有必要在要进行工作面试之前，问问你的推荐人能否用他的推荐。这听起来有点儿烦？你是不是还在想：不对啊，之前实习的时候我不是已经征得过他的同意了吗？我知道。这么做的原因在于，你问一句，其实就是跟对方进行再度联系，也提醒对方你是谁，让对方回忆起你实习期间的表现。这样一来，当你的应聘单位真的询问他时，他才能有所准备。毕竟距离你在他那儿实习时已经隔了一段时间，更何况，他手上有大把的实习生。你也不想你的推荐人被应聘单位问个措手不及吧？主动联系实习主管，提醒对方你是谁，这是你的分内之事。如果他还能清楚地记得你，帮你在应聘单位那里说几句好话就再好不过了。不过，也不要抱太大期望。

在你初入职场时，充分利用实习机会至关重要。实习，不仅让你学习到重要的工作技能，还给了你建立人脉的可能性。这些人脉可以帮助你找到下一份工作。而且，如果你是内部人士，或者存在感非同一般，别人一想就想到你，那么你在找工作方面的消息就会比较灵通。假如迪恩没有向《工作室》推荐我，我可能根本就不会知道这个杂志的存在。如果你充分利用自己的实习机会，赢得上司的信任，哪怕实习期结束你离开了，这个资源在很长一段时间内仍然可以为你所用。不过，也不要总是缠着你的老上司不放，你可以隔一段时间联系对方一次，问问对方有没有适合你的工作。**小贴士：最早得知工作空缺消息的，总是单位内部的人**。

如果你的老上司还真的听说过，而且认识招聘部门的人，说不定他还会乐意帮你递一份简历呢。记住：人们更愿意相信自己的熟人。你得表现得足够良好，才能赢得这份信任。所以，千万不要浪费能给你的主管留下足够好印象的机会。

第五章

拿下第一次面试

因为有了迪恩的强烈推荐，我得到了《工作室》杂志配饰部门助理一职的面试机会。这是我真正意义上的第一次应聘面试，害怕得不行。严格说起来，我的相关工作经历也只有在《高定》的那段实习，《小镇》的实习就更算不上了；当然，我对于整个暑假自己在这两家杂志社的所得非常欣喜，如果这算得上经验的话。

为了做足准备，我把《工作室》最近的几期都买了，仔细钻研了一遍，试着领会杂志的观点。《工作室》是本不错的时尚杂志，但是还比不上《高定》这么高端，甚至我初中忙着在墙上贴海报时这本杂志都还没创办呢。我能看出这本杂志的基调是亲和的，以信息为主，时装占了相当大的比重，但是和《高定》一样很前卫。

我的初轮面试官是新近晋升为配饰编辑的伊丽莎白，她刚刚获得聘用助手的资格。伊丽莎白个子高挑，头发是罕见的浅金色；她五官分明，水蓝色的双眸非常清透。乍一看，你会被她吓到，但是等我们开始聊了一会儿，我就发现她很和善，感觉令人如沐春风。我觉得自己马上就喜欢上她了，希望她对我也有同样的好感。我敢肯定这一轮面试通过了。第二轮，我的面试官是配饰部主管希瑟。

希瑟个子不高，看着也不像伊丽莎白那么时尚。事实上，我怎么也看不出她是时尚界的人。她长相非常普通，一头棕色小精灵式样的短发，戴着一副玳瑁眼镜。如果是在一部电影里，我觉得她这个形象应该是名老师。不过，她的外表虽然无害，可整个面试过程就是另一番样子了。她说话的方式总给我一种她在刻意为难我的感觉。她问了很多主观性很强的问题，像是：你对我们杂志怎么看？你会用什么式样的袜子来配一条铅笔裙？之后，你打算再配双什么款式的鞋子？你认为我们杂志有何可以改进之处吗？你还看什么别的杂志？你最喜欢的设计师是谁？本季你最喜欢的时装秀是哪一场？我估计只要我的回答不合她的心意就是错的。我猜她或许是在判断我的品位，看我的反应速度，以及我在不太舒适的情形下的适应能力。这一轮面试结束以后，我心里一点儿底也没有，虽然我确定自己问题回答得不错，也显得很自信，希望这些可以帮我加点儿印象分吧。貌似我想得没有错，因为几天之后，我就得到了这个职位。

自拍：你能掌控面试吗?

面试很可怕，对吧? 你的发挥只占一半，另一半要看你的面试官，所以很容易就会搞砸。不过让我告诉你一个好消息：你完全可以控制自己说什么。根据我的亲身经历，人们在面试时最严重的错误之一就是，在努力证明自己的价值时使用了错误的语言和语调。你当然应该着重于自己的成就，但是具体方式还是有讲究的。请看以下内容：

1.你听起来是自大，还是自信?

自大：我是团队中最出色的。

自信：今年，我有幸带领一个团队完成了几个项目。

自大：我什么都能做好。

自信：我很擅长同时处理多个任务，压力越大表现越好。

看出这两者之间的区别了吧。自大者不讨人喜欢，但是自信者却很讨人喜欢。聪明人都喜欢自信而又有风度的人；没有人会喜欢自大的人。所以，在介绍自己的优点和技能时，不要让面试官对你产生反感。大家都喜欢看自大狂倒霉。千万不要忘了。

2.你能充分说明自己的优点吗？或许你在某方面的确天赋异禀，但是，如果不懂得如何用具体实例说明自己的优势，那么只会给面试官留下夸夸其谈的印象。在面试时最好事先准备三到五个例子，证明自己确实非常擅长某些技能，而不只是说说而已。

3.你会赞赏应聘公司的成就吗？你应该让面试官知道，你一直都在关注这家公司，是它的忠实粉丝。如果恰好知道你的面试官是该公司取得的某些成就的功臣之一（你之所以知道是因为提前用谷歌搜索了面试官的信息），那么在提及时，注意不要显得谄媚。拍马屁很容易被看出来。

4.你记得跟面试官保持视线接触吗？你的表情和说话方式能否让对方知道你很专注，没有走神?

5.你是否让面试官确信你的个性适合这份工作？比如，如果是面试公关，你就必须性格外向，因为公关必须跟人打交道。如果你看着阴沉沉的、毫无生气，我才不管你有什么公共技能，反正我是不会要你的。

6.你是否准备好谈及自己面对过的一次大挫折，以及你是如何克服的?

7.你是否有具体的实例，可以证明自己擅长团队合作?

8.你知道如何回答“你的缺点是什么”这种陷阱问题吗？以下两种回答方式皆不可取：第一，很老实地讲真话，第二，把你的面试官当傻子糊弄。“我总是扛太多责任在身上！”这根本不是缺点好吗！“我不知如何拒绝别人！”也不是！更糟糕的是，这种假模假式的答案简直就是在侮辱面试官的智商。那么，你能怎么回答呢？以下的答案，你可以自行修改：我其实也不知道该如何回答这个问题——这倒不是说我没有缺点，我当然有——只是我暂时还想不到有什么会妨碍我做好这份工作的地方。我确定自己的各项能力与这份工作都非常契合。

如果面试官非得让你说出一两个缺点，那么试着把话题引开。比方说“要是让我在编制预算和写新闻发言稿之间选择，我肯定愿意写发言稿。我对编制预算比较苦手，因为数字不是我的菜”。注意到了吗？我完全没有重复问题中的“缺点”两个字。“缺点”是个负面词语，最好不要重复。另外，回答这类棘手的问题时，始终记得你要应聘的工作。如果你想应聘一家会计事务所，那么说自己不擅长数字，可就是自掘坟墓了。**小贴士：所谓的“缺点”绝对不可以涉及你的主要优势**。

9.你知道要怎样向面试官询问有关应聘单位，以及/

或者你想应聘的职位这些在网上找不到答案的问题吗？例如，不要问面试官这家公司是什么时候成立的；因为随便在网上搜一下就知道了；没人喜欢浪费时间，更没人喜欢把时间浪费在完全不做功课的面试对象身上。学会问些聪明的问题，例如：

“这份工作更重视团队合作还是个人发挥呢？”

“这份工作都需要和别的什么部门进行合作，或得到它们的配合呢？”

“贵公司的企业文化是怎样的？”

“您对于在贵公司工作，最满意的一点是什么？”

有一个问题，记住不要问——“有升职的机会吗？”我个人特别忌讳别人问这个问题，因为如果你本人足够出色，公司也真的欣赏你，那么总会让你晋升的。并不是你自己认为应该晋升，就一定可以晋升；但是，如果上级不想让你士气低落，那么他肯定会明确告诉你你很有晋升的机会。如果你应聘的是初级职位，而在面试时就问出这个问题，那么只会让面试官觉得你甚至还没有“得陇”呢，居然就开始“望蜀”了。

10.你有导师吗？或者，有没有什么钦佩的对象？前面有一章我建议过，你需要找到自己的导师。很有可能你的面试官就会问你这个问题。如果还没有，你可以考虑一个在工作场合曾经将你护在自己羽翼下的人；如果不存在这样一个人，也没什么。你可以解释自己期望在下一个阶段寻找到自己的导师。

11.你最突出的职业特质是什么？

12.是否有什么是没有写进你的个人简历里的？注意：如果有，说些无伤大雅的话即可。

13.你记得问面试官要名片了吗？面试后你会需要继续与之保持联络，以便知道面试结果，最好不要编造对方的名字和头衔。

14.你是否记得感谢面试官。虽然我本人更喜欢手写感谢信，但是，很明显如果致谢不及时可是很影响印象分的。面试官其实都挺盼着收到感谢信的。所以，记得发邮件；而且，不要拖，就在面试当天发；最后，如果面试官不止一位，千万不要群发一模一样的感谢信（要是你希望提高进入下一轮的概率，试试手写感谢信吧）。如前所述，不要只感谢级别最高的面试官，不管对方级别多低，都要顾及。他们可是都会发表意见的。看人下菜碟是最严重的错误。一封邮件就能看出你对公司的上下级关系是否清楚、尊重。

通过面试是最困难的事，因为你能否成功很大程度上取决于你的面试官是谁。除了事先想好妥善的回答，你还要特别小心注意面试官对你的回答是什么反应。有意识地观察面试官是否很注意听你说话，还是已经开始走神了。如果是后者，那么让自己打起精神来，下一个话题好好表现。如果你觉得他可能不会喜欢你的答案，就掉过头问他。人们都喜欢谈论自己，问问面试官他在这个单位里的经历可以打破紧张气氛，让你小小放松一下——哪怕只有片刻也好。

第六章

赢得自己的第一张名片

我刚开始在《工作室》工作时，年薪只有可怜巴巴的两万一千美金（*S）。不过，鉴于我和父母一起住在长岛，自己不用付水电费之类的，所以还觉得自己挺富裕。伊丽莎白是个和善、体贴的上司，和迪恩很像。我一去她就把我划拉到她翅膀底下，我马上像找到组织了一样。我的职责跟在《高定》时类似，也是负责征集各种拍摄需要的配饰、管理库房，以及归置各种配饰。

终于成为真正的时尚杂志员工，我喜不自禁，简直等不及大显身手了。哪怕要我清洁鞋子里的积灰、用吸尘器打扫样品间——这确实是我的职责范围——我也不在乎，因为我终于踏入了时尚这个圈子，这跟手术袍子和橡胶拖鞋[①]真是天壤之别。

开始工作第一周的周五，大约是下午三点左右，伊丽莎白走到我桌子边上，说："下周我们得把上一季所有的鞋子都还给设计师。所以，你能做到把每双鞋按照尺寸清点一遍，再根据不同设计师分别放好吗——周一就得还回去！别忘了每双都用宝丽来拍个照，别没法证明我们已经归还就糟糕了。"

我立即回答："没问题，伊丽莎白。"之后我又祝她周末愉快，伊丽莎白就下班了。

《工作室》的样品间比《高定》的大了一倍，但是远不及后者那么有条理；里面的锻铁架子非常难看，简直像军营的营房一样。因为架子的长度很尴尬，所以总能看到孤零零只剩下一只的鞋子；而每两层架子之间间距又特别大，好多鞋子干脆都一层叠一层地摞着，可能是大家都不想爬上爬下地找。整体看起来真是有够糟心的，要认真清点一遍可不轻松。更不要说，这些鞋子都是同样颜色和材质的都堆在一起，所以，二十多双黑色羊皮鞋子看起来就是乱七八糟的一团。

伊丽莎白走了以后，我就来到样品间开始进行盘点。我之前曾经来过，但是从来没留意过这里的物品数量如此庞大。这会儿看明白了眼前是多大的一个摊子，再想到伊丽莎白的话，我

---

① 为了尽量保持手术室的清洁和卫生，所有进入手术室的人都不能穿自己的鞋，以避免将外部的污染及地面激起的扬灰带入到手术室中，所以需要穿统一定期清洗消毒的鞋，而拖鞋是最容易清洗和穿戴的了。

的下巴被吓得掉到了地板上。这里起码得有上千双鞋，我估计得搭上整个周末才可能把它们整理清楚，这样周一才来得及归还。每到这种时候，你就会不由自主地想：这真是我想要的工作？我放弃前途无量的医生这个职业就是为了干这个？把鞋子一双双地放进纸袋里？

我把巨大的褐色鞋袋子一个个摆放在门厅里，眼泪不自觉地涌了出来。我很怀疑自己能不能完成这个任务，也觉得伊丽莎白是不是故意给我安排这么个活儿，想考验我的耐力和心态。我不停地给每个鞋袋子上分别贴上设计师的名字。后来忍不住开始把鞋子扔进袋子。这么重复了五十次之后，我突然记起来，伊丽莎白还要求我把所有需要归还的鞋子都做个记录。我只好把鞋子又拿出来，用宝丽来拍照，记下尺寸，再塞回袋子。天哪，我怎么能这么粗心？！我又是孤独，又是满心委屈，所以给《高定》的同事卡拉打了个电话，跟她求助（可能也是想跟她哭诉一下，求安慰）。

“卡拉，是我，阿莉扎。”我的声音有点儿发颤，随时可能都会哭出来，但我还是继续说，“伊丽莎白——我的新上司——让我把样品间所有的鞋周一都还回去。这根本办不到，卡拉！我敢发誓这里得有超过一千双鞋。我不知道该怎么办才好了！”

卡拉非常同情我，同时也不可置信地说道：“我认识伊丽莎白，很难相信她会要求你在这么短的时间里全都做完这件事。你确定吗？要不，我过去帮你一起做吧？”

“不用。”我回答，“你是《高定》的编辑，怎么能帮其他杂志社的助理清理样品间！”我跟卡拉保证我不会一个人在公司干到太晚（当然不是真话），就挂了电话。打完电话我感觉好了点儿，似乎是因为有人能理解我的痛苦，还感同身受吧。我在样品间一直待到深夜两点。我母亲每个小时都准点给我打电话，就为了确定我还活着，而不是被什么杀人狂破门而入剁成碎片了。你可能也知道，对自己的某个决定拿不准时，整个人会变得很敏感、像刺猬一样。所以，每次当我母亲在电话里大声地说她不敢相信我的同事居然留下我一个人做这么可笑的事时，我都会跟她对吼，说工作本来就是这样，天将降大任于斯人也之类的话。但是私下里，我其实也想过或许她说的是对的。

在家睡了不到四个小时，早上七点我又赶回公司，继续进行我的魔鬼任务。这时候我已经理清了头绪，效率提高了很多。但是，架子上的鞋子好像一点儿也没有减少。我忙了一整天，一个人都没有见到。这天我一直干到次日凌晨三点，周日白天又回来继续，然后做到了当天深夜。

到了周一一早，我觉得全身上下好像都被五寸的细高跟碾过了一遍似的。可是，每双鞋都被分开放好、拍照存底、做好记录了，完全就像伊丽莎白要求的那样。

伊丽莎白一来，我马上跑过去，骄傲地把她拉到样品间，让她看空荡荡的鞋架，和等待检阅的士兵一样排列得整整齐齐的鞋袋子。你问她有什么反应？“我的天哪！你不用今天就全部做好呀！”

什么？！我不会完全领会错她的意思了吧？还是，她原本不知道她布置的任务有这么艰巨，结果现在才反应过来觉得不好意思？我觉得自己不该质疑上司，但还是想搞清楚。“伊丽莎白，我想你有说过我们周一得把所有的鞋都还回去吧？”

“我的意思是本周，”伊丽莎白说，“你该跟我确认一下的。”

呃，受教了。**小贴士：一定要确定任务的最后时限！**

这就是编辑助理的生活。工作没完没了，必须严守任务期限。伊丽莎白其实真是个很好的上司，但我还是得接受一个事实——我的生活不再属于自己了。工作需要投入大量心力，而且必须不计一切代价完成。其实不只是《工作室》，《高定》也是这样，我想其他数不清的杂志社都一样。但是，这毕竟是我想要的工作，所以我并不介意。那时候我还是一人吃饱全家不饿的单身汉，所以工作到深夜也没什么。其实很多时候还挺有意思的，因为其他的时装编辑助理和我同病相怜。想在这个行业生存下去，就得把时尚当成你的一切，我也是这么做的。

我想成为伊丽莎白的左右手，所以无论她交代下来什么任务，我都会做到最好，甚至更好。这样做是有回报的。我做得越多，她交给我的工作也越多。在职场，头衔就是一切，但伊丽莎白并不认为自己凌驾于我之上；她会把她的资源与我分享，也会尽可能让我与更高级别的人打交道。

她还鼓励我和杂志社的公关部门以及外面的公关公司来往。她邀请我参与时尚趋势的研判和新闻报道的策划。尽管我已经可以做所有的这些工作，但我从来没有忘记过我的本职工作还是管理样品间。所以，我身兼数职，还挺游刃有余。最棒的是，我的名字已经出现在发行人那一栏里了，我也终于有了自己的第一张名片。看到自己的名字以打印体出现，下面是一个正式的头衔时，我几乎比第一次拿到薪水还高兴。虽然感觉很不真实，但名字出现在发行人栏上也好，名片上也好，这些都证明我终于真的打入到这个圈子中了。

在积累了更多经验之后，我开始花大量时间到公司外面“考察市场”，赴各种约会，参观当季新款，这样可以让我结识更多的人。我热爱这份工作，特别是随之而来的各种福利；首要的一个就是样品特卖会。圈外人可是绝对得不到邀请的。有时，受邀的人甚至只限于配饰编辑。我超级喜欢在样品特卖会上血拼，因为这可是花少少的钱就能充实衣橱的唯一渠道。但是要弄到好东西，你得到得非常早。例如，如果莫罗·伯拉尼克[①]特卖会上午十点开始，五点半就赶到对我来说都是常事。相信我，那个时候你绝对想不起来累不累这回事。

时尚编辑确实很辛苦，但好处就是他们经常有好吃好喝的机会，还能受邀参加最闪耀的派对和时装秀。他们有丰富的渠道能

---

① 著名时尚品牌。

接触到设计师最新、最好的作品，这些可都是还没有正式推出，别人想买都买不到的作品，设计师却很乐意给编辑们试用。在时尚杂志工作，你很快就会被宠坏。但是，如果你只是名小小的助理，可能会对样品间里满满的时装、配饰面不改色心不跳，然后看着自己的衣橱就益发觉得心塞。我现在就是这种心情。我没有编辑的资源，至少目前还没有，但我很渴望自己能够拥有。时尚编辑所拥有的影响力真是太令人心驰神往了。

除了时尚本身，我在办公室里的所见所闻也挺有趣。这里的人个个才华横溢，一旦彼此合作产生的创意就更是惊人。一本杂志就是所有人的心血结晶。在《工作室》工作的日子让我明白了为什么每本杂志上都有发行人栏；因为杂志不是一个人的成就，它是集体的成果。在这个杂志社，我就是一部创造杂志的机器上微不足道的一枚齿轮。我的职责很明确，我也很自豪自己的努力促成了精美杂志的诞生。比如，有一期我们的报道用了一双香奈儿的美鞋；如果当初我没能借到这双鞋，那篇报道肯定会失色不少。当然，我们没有救死扶伤，但我们将美直接呈现到人们眼前，让全世界膜拜、模仿。为此我很激动，也很快乐。

每天早上，当我走进这栋雄伟的建筑——手里抓着咖啡和纸杯蛋糕（全是卡路里啊！简直不知道我那时是怎么想的），我都会不由自主地呆怔片刻，确定自己不是在做梦。就算我还要做好多体力劳动——抱着鞋袋子跑来跑去，胳膊上的青筋都暴起来——也没有关系。工作时间长得要死也不要紧。我欣然接受。

说实话，工作真的没那么美妙，但这是我进入那个美妙世界的阶梯；而那个美妙世界，以前我只能隔着房间的墙壁远远地张望。

我又回到了起点。我又要再一次打响自己的名声，挑战自己，做到最好。这是我欠自己的，也是我欠我父母的，他们在我放弃做医生的梦想时无条件地支持了我的决定。还有迪恩。如果不是他，我根本不可能找到这份工作。我也得让他为我骄傲。我要竭尽全力取得成功，不管每天需要工作多少小时，也不管需要付出多少心血、汗水和眼泪（但愿这个可以少点儿）。我已经踏上了梦想的征程。

第二部分

驰骋职场：

从 1 到 2，怎样在上升期寻找突破

Kill It in Your Career

第七章

向升职加薪努力进发

在《工作室》待了差不过一年半以后，我获得了丰富的经验。伊丽莎白让我承担了很多工作，我觉得自己成长得非常迅速。我知道不能只将眼光局限在助理这一级别上，应该做得更多，这样说不定我的报酬也可以提升。虽然此前我从来没有要求升职过——当然也完全不知道该怎么做，现在我却觉得是时候了。我先是对伊丽莎白提起了这个话题。她很支持我，所以我按照她的建议与希瑟约了个时间打算谈谈这件事。

希瑟总是跑来跑去，我知道她不会有太多耐心听我长篇大论。所以我开门见山地说："希瑟，我在《工作室》做得很开心。伊丽莎白是个特别好的上司，总是鼓励我承担更多工作。不过我认为我现在做的已经超过助理级别了。但我确定，有更多的工作我也可以处理好。你愿不愿意考虑让我做副编辑呢？”
沉默。

希瑟瞪着我，眼神像是要刺穿我似的。她说：“阿莉扎，你很幸运，能够获得这么多的经验。你觉得这一切都是理所当然的？你之所以做这么多，因为这是你的工作。你还没到副编辑的层次呢。我看，你还是专注于目前的职位比较好。现在我要打个电话。”之后希瑟就不再搭理我，径自拿起了电话。

我满心丧气地走回自己的小格子。我不知道是自己的理由不够充分，还是时机尚早。我向伊丽莎白求助。“你觉得我是不是做错了什么？”我问。然后立即又补充道，“我希望没有。”

“不会啊，我不觉得你做错了什么。”伊丽莎白安慰我说，“可是，希瑟有她自己的安排。我相信她只是认为你在助理级别上还需要再待一段时间。”

我有点儿懊恼，不过好像对这个结果也并不感到特别意外。毕竟，在一个职位上干一年半本来也不是太久。只是我的责任那么多，所以我感到有点儿困惑罢了。要是我真的只是个助理，为什么我要干伊丽莎白那个级别的工作呢？希瑟连一点点解释都不给，她好歹可以说“你的方向很准确，继续努力工作吧”，我开始有种她根本不乐意见我成长的感觉。我热爱这份工作，但是潜意识里我开始担心希瑟会成为我进一步发展的阻挠。

时至今日，我最大的乐趣就是提升优秀的员工。但是，总会有人在年终总结的时候找到我滔滔不绝地述说他这一年都做了多少多少，其实那些也不过是他的本职工作。你已经得到报酬了，那就是你的——薪水。**小贴士：只是恪尽本分不会让你晋升。你得做得远远比这更好才可能获得升职的机会**。想升职就得不断地努力上进，即是说，你得比自己的本职要求表现得更出色，至少高出一个级别才行。从我现在的立场来看，很多人都不懂得这个道理。他们就像我当初那样，觉得升职是自己应得的。那个时候我或许也足够上进，但是我上进的时间还太短，可是我经验浅薄还意识不到这一点。那么，你怎样才能知道自己已经到了可以晋升的时机，又怎样才能正确地提出升职要求呢？想要获得晋升，首先又应该做些什么？

我学到的最重要的一条经验就是，如果想获得梦想中的升职机会，你就要成为无可替代的人。这意味着你的本职工作要非常出色，出色到你的上司一想到有一天你会离开就吓得要死。所以，基本上你要做的，就是要让上司形成这种“让别人取代你，后果会很严重”的想法，以至于他宁可升你的职（哪怕因此他需要为了你跟自己的上司据理力争），也不愿眼睁睁看你离开。要达到这样的效果，你就必须承担很多责任，远超本职的责任。你可能一个人被当成两个人、甚至三个人来用，这样一来你就比那些只是做好自己分内工作的人更难以取代。在规模比较小的公司，或人比较少的团队，这种事很常见，因为人手严重不足，每个人都必须身兼数职。但是，如果你能想得比较透彻，就会发现这反而是件好事。再说，假如你已经在越级处理事务，那么等到上司考虑是否要提升你时也会比较容易接受这种可能性。**小贴士：表现出高于当前职位的能力，你才可能获得高于当前的职位。**

如果你做好了提出升职请求的准备，那么你需要做到几件事，我在下文中一一列出了。但是，首先，你必须尊重上下有别的传统；哪怕升职谈话是在你和你的顶头上司之间进行，你的直接上司并不会参与，你也应当事先知会对方；你必须表现得好像她有提升你的权力一样——虽然事实可能并非如此。总而言之，一定要对上司表现出尊重。虽然最后，你的上司可能还是要找他的上司反映你的升职请求，但这就是规矩。倘若你跳过自己的上司直接找到大老板说升职的事，我敢保证这事到最后一定会失败，哪怕就是机缘巧合下你成功地升了职，也会招致上司的怨恨。

自拍：你真的做好升职准备了吗？

一旦真的和上司面对面，你有没有想过自己可以采取什么攻略？以下的问题可以帮助你理清思路：

1.你是否在现在的职位上表现非凡？能否列举出三

到五项充分体现你的创意，而且完全是本职工作以外的成绩？例如为公司拓展了新的业务，或是提出了一个成功的营销策划、并完美地执行了该策划。如果你想陈述自己的升职理由，就必须有足够的事实支持，所以要先考虑一下有什么具体的实例。

其次，不要一进上司的办公室就忙着滔滔不绝地讲述自己的英雄事迹。你得展示给对方看，光说不管用。将你的成绩以书面方式呈现会更有说服力，显得更加专业，也能看出你的确花了很多时间和精力仔细思考过自己晋升一事。就自己取得的成就做个小演示，数据和实例多多益善。如果有可能，还可以列出你们单位竞争对手的数据，这可以显示出同一个行业内，你比对家的员工表现得优秀多了。

2.下一步要做什么，你心里有数吗？你的陈述有一半得集中在你会如何为公司做贡献上面。例如，如果你能升职，就可以做计划一、计划二、计划三等等，这些都是目前尚未有人着手去做的。将你的晋升与公司的利益挂上钩，这样会更加方便你的上司说服他的上司。**小贴士：升职不仅仅关乎你一个人**。

我们也可以换个角度做这件事。比如，你认真研究了公司的竞争对手，发现公司现在不如对方的地方。那么，你可以准备一次报告，列出所有的不足之处，并指出当前公司业务中的某些缺漏。你的目标是获得允准开展一项新的计划，帮助公司提升在行业内的地位。你提出的目标必须是现实可行的。如果上司让你放手去做，而你又成功了，那么到年末时这将会成为一个很大的加分项。不过无论结果怎样，你已经表现出你在为公司着想，不是仅仅想着你自己。这才是称职员工的本分。

3.你在当前的职位上已经工作满两年了吗？抱歉哦，这可是我在职业道路上遇见过的“小怪”。回想当初，我在《工作室》时提出升职的确是为时过早。现在我已经是一名经验丰富的管理层，我也不欣赏才工作一年就满脑子“好了，我已经干得够多了，该升职了”的员工。很遗憾地通知你，不过你还得老老实实地尽好自己的本分，至少还得更久一点儿。我见过在一个职位上、拿一笔薪水至少三年的助理。我知道现在很多人都觉得自己理应坐电梯升职，但是你错了。仔细想想自己在目前的职位上还有多少需要掌握的。你还没有学会一切呢；积累越多，未来你的收益才会更大。

注意：有个很不幸的事实——有时候单位并不认可你

的价值，除非有别的公司来挖角你。如果你待在现在的单位还挺满意，也想进一步发展，你可以考虑到别处应聘，带着对方更好的待遇承诺回过头来找你的上司。当然，希望你的上司可以因此认识到你的价值，愿意给你提供相同的待遇——或者哪怕只是给你加点儿薪——以便留住你。不过，这么做有很大的概率你的上司根本不接你的话茬，那你就只能接受另外的一份工作了。我还想提醒一句，千万不要谎称有人挖角你，因为结果很可能会变成两头没着落。另外，我建议，不到万不得已，还是不要选择去别的公司应聘。无论是哪个行业，流言扩散得都特别快，你的上司可能会听说你去应聘别家公司，他也会很不高兴的。最好的办法是始终先努力在你们单位内部寻求上升的空间。当然，再次提醒一句，还是要注意，时机不能太早，而且你得有拿得出手的业绩。

经常跳槽的人银行户头可能比较漂亮，但是跳槽过于频繁，你的简历就会像是一大串时间列表，这可不大好看。聪明的用人单位可能都不会考虑你，因为培养员工需要投入大量的精力和资源；如果看你的记录，你像是打算待满一年就跑路的样子，谁会愿意把资源浪费在你身上呢？！

4.你的成绩有没有给上司长脸？我知道这个问题挺奇怪，因为要升职的是你，又不是你的上司。不过，事实是，无论你是否意识到了这一点，给上司长脸也是你的工作。**小贴士：给你的上司增光添彩**。如果你一直是这么做的，相信我，你的上司肯定不舍得你走。给上司增光不等于拍对方马屁；你的工作做得出色，会让你的上司脸上有光，同时还会让他的工作也更加轻松。

5.你和客户/同事相处融洽吗？你有没有给他们留下特别好的印象，他们甚至会当着别人的面夸赞你吗？如果答案是肯定的，那么仔细查找你们的往来邮件，找到证据放到你的报告里去。第三方的评价在升职问题上分量总是很重的。你的对外口碑总是更有说服力。**小贴士：把夸奖的话留给别人去说**。

6.你有没有力争上游？即是说，你有没有试着承担超出目前职位至少一个级别的工作？这不是说，你需要模仿你的上司行事，或者干脆越俎代庖。还是要谨记自己的级别，你肯定不想让你的上司把你当成威胁吧。不过，每次开会或与人打交道，你的表现都看在众人眼里。如果你始终表现得就是个助理，那么别人也不会——至少当前不会——考虑你成为经理的可能性。再说一遍：重视单位里的上下级之分，但你的表现却要达到更高的一个级别。

7.你是否足够主动？高级员工从来不会等别人来吩咐他们应该做些什么，他们会自己做事。为了让人知道你具有管理才能，你得发挥主动性，自己找项目来做。你可以考虑自己是否能够找到组员，或者实习生来帮你。

8.你懂得如何与大人物打交道吗？这个技能相当必要。你得让高级员工主动围绕到你的身边；你在他们之中得显得如鱼得水。如果相反，你是凡人一个，公司不会太轻易考虑让你更上一个台阶的。

9.你的表现如何？你做出过大的贡献吗？提出过什么新鲜的想法吗？在会议中你是积极参与，还是闷声不吭？如果面对很多人你就不太说得出话来，或者总是对自己的主意不够自信，那么可能现在考虑升职还太早了。

10.你的穿着打扮符合自己的身份吗？我真心认为牛仔裤配T恤只适合马克・扎克伯格[①]这类人。在我看来，如果你希望成为某个公司的高层，你得让人把你当回事；最简便的方式就是用衣着帮你开道。顶着一头脏兮兮的头发、整个人邋邋遢遢，你只会给人留下“我才不在乎”的印象公司怎么会考虑给你升职？！

① 社交网站脸书的创始人兼首席执行官。

11.你是否竭尽全力了？成功人士都是不达目的不罢休的人。他们知道如何利用自己的头脑和手头的资源突破一个又一个难关。他们的行事准则就是：必须完成任务！

12.你是否永远“在线”？大家对此观点不一，不过我觉得自己的观点是正确的。到了某个层次，工作就不仅仅是工作了，它是一份事业。如果你的职位需要你承担很多责任，就不要想着可以安安心心地到点下班，你得随时能够被人找到。反过来说，如果你想承担更多责任，最好你的上司知道如何随时随地联系上你。**小贴士：随时待命，你才是不可或缺的**。

我确实相信成功人士总是会很关注自己的工作。这不是说你得每个小时准点查邮件，但是一天总不能一次都不开或者只开一次邮箱吧。哪怕是在晚上，或是在度假，一天也得查看几次。不看邮件，轻则可能让你错失某些机会，重则可能会让本可以避免的危机爆发。我从不把查看邮件当成一项任务，我觉得这是让我随时心里有数的必要途径。当我知道发生了什么，随时可以与公司联系上，我才能安心；而且，我也从来不会一出去度假就完全与世界失联。这种想法都会让我感到不适。（况且，金球奖[①]颁

① 美国电影和电视最重要的奖项之一，于2003年起定于每年1月中旬举行。

奖前，明星会纷纷选择在12月中旬试礼服；就算那时人人都在享受圣诞假期又怎么样呢？！）

如果你已经按照上述的标准坦诚地自我审查过一遍，那么就鼓起勇气去做吧，提出升职的要求。即使你真的工作出色，甚至远超预期，但是如果你不能大声说出来，并且证明这一点，就不会有人主动找到你给你升职。要知道，僧多粥少，你得让上司注意到你的成长。最坏的结果也不过是——“不行”。

假设上司真的说不行，也不要抱怨或者发牢骚。如果没有得到预期的结果，或是应得的重视，你还是需要表现得很专业。你觉得自己理应升职，不代表公司上层也是这么觉得；或许还有些外因使得上层认为现在不是给你升职的好时机。始终让自己的职业上升通道局限在一家单位，是有其合理之处的，毕竟你已经投入了不少的时间。坚守很不容易，但只要你确定在这里还有上升空间，那么一切就都是值得的。当然，如果经过审慎的思考，你确定你的贡献无法获得上司和公司高层的认可，那么离开可能是更好的选择。

实操指南：为加薪谈判

在提出升职要求的同时，还需要准备好为加薪进行谈判。没有人喜欢谈话涉及“钱”，但有时又不得不谈。我知道你可以在网上搜到一堆秘籍，可我还是觉得应该跟你分享一下我的经验。再说，如果我可以一次性地把所有诀窍都告诉你，不也省得你慢慢找了吗！没错，我就是这么想的。

1.清楚自己的市场价值。有很多网站都会给出同类行业/职位的平均薪资。或者，如果你有朋友在业内其他单位工作，也可以问问他们。

2.考虑除了加薪以外还能要求别的什么福利，以防加薪的请求被拒。比如，你可以考虑，在补偿金[①]以外要求多放几天假。或者，也可以考虑要求一笔置装费。当然，这些福利必须是与工作相关的。

3.绝对不能威胁甚至恐吓上司。闹意气也不可以。不要让上司讨厌你；这样，你证明了自己的价值，对方才会为你争取。

① 有些公司不同意给员工升职，就会发放一定的补偿金作为安抚。

4.开价（适当地）高出心理价位，因为上司肯定会往下压价。不过，你得明白公司和公司还不一样。比方说，初创公司和老牌公司相比条件无疑会比较艰苦。不要漫天要价，让自己彻底出局。基本上，比心理价位高出五千至一万美金就行。

5.如果上司开价太低，你可以有礼貌地向对方解释（这就要靠你的市场调研了）为什么你值得他开更高价。要是你碰巧知道某个同事的薪水，绝对不要提及。因为薪水都是保密的，公司上层很不喜欢在办公室里讨论彼此薪水的员工。但是，你可以借其他公司的薪资水平说事，只是，要提防上司对你说“那你去他们公司好了”。

就像大家说的，谈判是门艺术。你的谈判能力在很大程度上取决于你的谈判对象是谁。你得确定过去的每个阶段——而不只是在你提出升职加薪的前几周——你都通过自己的成就让上司大大地长了脸。因为能不能升职/加薪，你的上司说了算。**小贴士：确保你的成功符合上司的利益**。我不是让你韬光养晦，只是想提醒你，想要升职加薪，没有上司的支持，不管你的能力多么出众都没有用。你在单位所做的一切其实都是在为自己搭设晋升的阶梯；你得时刻注意自己是否足够努力，行为是否妥当，是否给上司争光了。最重要的还是时机。你要考虑公司现在的状况，是否还有人跟你盯上了同一个职位，还是那句话，僧多粥少。在弄清楚状况之前不要冒冒失失地提出升职的要求。最好选在年终总结之前两到三个月提出来。不要等到年终总结开始了再提，因为所有人（没看过这本书的人）都会选在这个时候提出升职要求。你一定不会愿意落在别人后面。

第八章

办公室生存之道

自从人生第一次升职的企图惨遭滑铁卢以后，我意识到自己别无选择，只能继续拼命。我把心沉下来，努力不去想自己有多么失望。我知道生闷气毫无意义，对局势也不会有任何帮助。

一天下午，团队正在准备一个叫作“主编精选”的小栏目。届时每个编辑都会选出自己最喜欢的“明星配饰”，还要引用杂志中的一句话说明为什么选择这个配饰。引用的话会署上这位编辑的名字和头衔。因为我还只是助理，所以一般都不会找我参加这个栏目的制作。于是，当时装部主管莉莉让我也选一双心仪的鞋子时，我差点儿就问她“你当真”了。我又惊又喜，或许晋升无望，但是我还在往上走，至少团队中有人是这么想的。

我选中了一双莫罗·伯拉尼克金色系带凉鞋，然后又兴奋不已地考虑应该选用哪句话来搭配我的心上鞋。最后我挑中了“金属色将成为新的全能色”这一句，感觉自豪得一塌糊涂。

几周以后，这个栏目在部门里转了一圈，进行校勘时，我被叫到了希瑟的办公桌旁。她看起来怒不可遏，我是既迷糊又害怕，因为我不知道自己做错了什么。她马上开始指责我居然胆敢自己给自己升职，擅自更改了头衔。哈……我怔住了。她给我看了“主编精选”的页面，上面正是我选出的那双鞋，还有那句引用，以及我的名字和“助理配饰编辑”的头衔。我还是没弄明白，到底哪里有问题？

“希瑟，对不起，我还是不明白这一页有什么问题吗？”我很无辜地问。

“阿莉扎，读一下这个头衔。”希瑟语气十分严厉。

“上面写着‘助理配饰编辑’。”我小心地说。

“是吗？可那**不是**你的头衔！你怎么敢擅自就给自己升了一级？！我**非常**清楚你**根本没有得到晋升！！**”

我目瞪口呆。**她不是认真的吧？！**简直难以置信。

“希瑟，我绝不会自己给自己升职。我非常尊重你的决定。”我反驳道，“但是，‘助理配饰编辑’就是我的头衔。我的名片就是这么印的。”

“哦？那或许是你自己印的？在我看来，你这是在觊觎我的职位，或者根本就是想接管整个杂志社吧！”希瑟高声道。

说真的，我这时二十三周岁了，可是完全不能理解这段对话。简直太不公平，太无理取闹了！可是当我已经震惊到极限之后，会很诡异地有种灵魂出窍的体验；我会变得麻木无感，毫无畏惧。我以冷静的、尊敬的口吻回答她：“希瑟，我从来没有想过和你拥有一样的资历。说到我的头衔问题，我很愿意给人力资源部打电话确认一下我的头衔到底是不是‘助理配饰编辑’。我想这只是一点沟通不畅，我很抱歉让你如此生气。”但是她根本不想听，只是挥挥手，就气狠狠地把我轰走了。

打那天开始，我清楚地明白了时尚圈的一个道理：爬得越高，自尊就跌得越惨。一切都只是因为缺乏安全感在作祟。另外，我们总不可能让所有人都喜欢。

从希瑟那边离开后，我立马跑到卫生间。经过别人的办公桌时，我都不敢看他们，就怕自己会哭出来。怎么会有这种事？我到底做什么了？希瑟为什么这么讨厌我？一进卫生间，我找了个小隔间，试着跟自己讲道理。除了刚才那样我还能怎么做？等等，那是我的头衔，没错吧？我有点儿慌神，该不是我自己臆想出来的吧？我立刻跑出卫生间，尽可能不引人注意地跑回自己的座位。我坐下，平静地拉开抽屉，抽出一张名片。没错啊，白底黑色大字印刷着：**助理配饰编辑**。希瑟绝对脑筋秀逗了。但是那又怎么样呢？她才是老板，其他人没有资格提出异议。自那一刻起，我就下定决心，一定要做到最好。不是说我之前不是这么做的，而是我现在被她盯上了，就得加倍小心。

接下来的几个星期，我很小心地只专注于工作，独来独往。

一旦有希瑟在场，我就扮好一个下属的角色，绝不再表现出正常的欢脱个性。我得让她知道我明白自己的身份，我也不是个野心勃勃的编辑。而且只要有可能，我是一见她就绕道。

有一天，希瑟的助理走到我桌边说，希瑟要给杂志社的上级出版公司送一份礼物；但是她又不想真的去买一份礼物，而是想让设计师赞助，然后她再转送给出版商；她比较属意晚装手包之类的。很明显，我就要负责从设计师那里给她弄到这份礼物。我不喜欢这个任务。首先，我觉得她年薪那么高居然还不愿意出钱买份礼物，这是得多小气啊；其次，我也不想给她干这些破事。但是，我还有别的选择吗？往好的方面想，或许如果这活我干好了，就能让她多少对我改观了呢！

我给几个设计师挨个儿打电话，看是否有人愿意好心地给希瑟赞助一份样品。结果，葆蝶家[①]很愿意无偿提供他家一只标志性的编织手包。我只打了三个电话就搞定了此事，觉得特别兴奋，我很想让希瑟知道我的效率有多高。我很骄傲地带着两只备选的绸缎编织手包去见她。她可以从中选一个自己喜欢的颜色，我会把另一只退回给设计师。好吧，还没到那一步呢。

“编织包？！你居然给我找来编织包？！我**去年**就已经送过一只编织包给她了！”希瑟尖叫道。

“抱歉，希瑟，我不知道。我可以退回去，给你找其他的

---

① 又译作宝缇嘉，意大利奢侈品牌，汇聚意大利出色的传统皮革工匠，采用传统意大利皮革工艺制造，是皮革品牌中的翘楚。

包。”我说。

“我让杰里米跟你说了的。”希瑟打断我。这时，杰里米，也就是希瑟的那个助理，突然出现了。

他问：“阿莉扎，难道你没看邮件？”

“没——抱歉，我不记得有见过任何邮件写明了包包的式样。”我反驳道。

“可我发了啊。”杰里米简短地说。我说不出话来了。我又搞砸希瑟的差事了。

回到办公桌时我感觉心里上下翻腾。我怎么会做出这种事来？我迅速查看了收件箱，但是没有看到杰里米发来的邮件。我又看了回收箱，还是没有。我走到杰里米桌前，说：“杰里米，我很确定没有收到你的邮件。”

“我知道，我忘了发。”他贱贱地冲我笑笑，站起身，走了。我半天说不出一句话。

眼泪不可遏抑地涌了出来。当然，我宁可死也不要让杰里米看到我哭了。但是，天哪，我根本控制不住。我意识到，在自己死和让我当替死鬼之间，显然，杰里米巴不得见到我死得越难看越好。

但是我明白，该做决定了，忍无可忍则无须再忍。我已经坚持得够久了；但显然，无论我怎么努力，在希瑟这里我是彻底没前途的。是时候找新的工作了。可我还是觉得遗憾，毕竟撇开希瑟不谈，我喜欢这里；我不仅交到了一群好朋友，就目前的职位而言干得也不错，至少伊丽莎白还是挺认可我的。但是希瑟是个拦路虎，我相信什么都无法扭转希瑟对我的看法。

实操指南：了解其他玩家

如果我当初更有经验，可能会换个方式处理跟希瑟的关系。回头想想，我本来可以从一开始在有她在场时就表现得更加内敛一点，也不至于刺激到她的神经。她想让我敬畏她。在她看来，我本来就应该诚惶诚恐。另外，我也没有意识到，不是所有人都愿意看到我成功，特别是看到伊丽莎白在背后全力支持我。这就叫作办公室政治。这不是个轻松的游戏。

虽然具有强烈的个人意识至关重要，但是我们也必须懂得自己在跟什么人打交道。就像一群小朋友在一起做游戏，你也得知道其他小朋友都是谁。

在办公室政治这个游戏中有很多反派，都可以跟我从小到大知道的一些标志性人物画上等号。这些人哪个团队、哪个行业里都有，世界上随处可见他们的身影。好好认识你的同事吧，现在还来得及。

1.麦琪·辛普森[①]：典型的巨婴。这种人永远都在抱怨，什么都做不来，心思还超级敏感。最好不要对她开玩笑，也不要尝试你的讽刺幽默，她一定会哭着去找妈（上）妈（司）告状的。

2.T先生[②]：攻击性超强，信奉恐怖统治。他总希望你对他战战兢兢。所以如果你比较喜欢安详的工作环境，那么有他在场的时候，你可能需要低调做人。

3.非凡的公主希瑞[③]：这位的字典里只有一个字——“我”。如果你被分到她的团队里，记住，一切荣耀都属于殿下——哪怕是团队成就！趁早把所有事都书面备份，跟你的上司通个气。也可以做一张分工表，让上司明白职责归属。

4.蝙蝠侠[④]：见人说人话，见鬼说鬼话的典范。当着你的面什么都是“好的”，背过身会告诉别人他从来没有答应过你任何事。小心提防此人，与之打交道一定要他出具书面材料。

---

① 美国著名动画情景喜剧《辛普森一家》中的人物。
② 美国80年代同名电影的主人公。
③ 1985年播出的著名美国动画片的主人公。
④ 美国经典的漫画超级英雄形象。

5.小丑[1]：大嘴巴，坚信有理只在声高。每个办公室都有这种人。对付这种人，不要被他的虚张声势吓到，以不变应万变就可以了。不要把自己的格调拉低到他的水平。

6.薯头先生[2]：头超级大，脸也超级大。全世界只有一个人的意见有价值，猜猜是谁的？只要有这位在，最好不要想在公众场合抢夺存在感。不要让他将你视为威胁，你的日子会比较好过。

7.芭比娃娃：在这位的心里，所谓工作就是别人的事。你绝对不会想和她一起共事，因为她是油瓶倒了都不会扶的人。要是你的团队中有她在，一定要确保所有工作职责非常明确，不然以后她不完成自己的工作，你就得背锅了。

8.肯：他就是“颜即正义”的代言人。啊，老伙计肯会一路平布青云，各种头衔加身，原因不外乎——他“外形最衬”，而且也懂得做人。这种类型运气爆棚，完全是因为肤浅的原因却可以顺风顺水。这的确不公平，但是没什么是真正公平的。我们其他人只能加倍努力了。抱歉。

① 超级反派，蝙蝠侠的头号死敌。
② 美国动画片《玩具总动员》中的人物，形象就是一颗戴着帽子，有五官的土豆。

9.斯贝斯利先生[①]：看起来道貌岸然，颇能唬人的老板，头衔不小，却从来不干正事。他可能是世界上最糟心的老板了，因为你知道他的底细，但可悲的是他的同级却不知道。我们一生中多少都会遇见这么一位上司。很有必要让大老板知道你的价值和所做的工作；你可以在自己完成的每一份报告结尾处很有技巧地加上这么一句话："有任何问题或建议，请联系（你的名字）"。

10.格格巫[②]：这一位会偷走别人的创意，然后恬不知耻地宣称是自己的创意。他是最令人厌恶的一种人，因为他的出发点就是邪恶的。要对付他，记得将自己的所有创意落在纸面上，并一定要抄送上司和其他所有人。

11.库伊拉[③]：她的人生主要追求就是，为了上位不断制造和传播同事的八卦。她的手段最为恶劣，保护自己不为她所害，你只能：珍惜生命，远离此人，或者不要让她找到任何八卦你的理由。小心自己的声誉，以及千万不要八卦她！

① 20世纪60年代美国科幻喜剧动画片《杰森一家》中的人物。
② 著名美国动画片《蓝精灵》中的主要反派形象。
③ 著名美国迪士尼动画《101斑点狗》中的大反派形象。

12.爱发牢骚的奥斯卡[1]：这是个永远自带负能量的人，成天都认为世界——至少整个公司——要毁灭了。别让奥斯卡把你带到沟里去。他会拼命把你拽到他那个黑暗诡谲的世界，然后你就要开始质疑为什么你要待在这家公司了。不要让他的想法入侵你的大脑。阴郁是他的问题，不是你的。

13.蓝笨笨[2]：这位的大脑脱线程度让人忍不住奇怪他是怎么每天顺利穿好衣服的。他之所以能找到工作可能是因为他妈妈是社会名流，他爸爸经营一支棒球队。你知道这种人，一般来说是人畜无害的。无视他就好，你还可以窃喜自己的脑细胞数量甩他十几条街。

你具备的技能并不能保证你取得成功。要在各色人等云集的办公室存活下来，光有才能还远远不够。想真正取得成功，你得熟谙人性。最基本的一点：如果你无法学会如何与形形色色的人共事，那么不管你的专业技能多么出色，都一切免谈。

接下来，我开始偷偷找工作。我听说《缪斯》杂志有个配饰编辑的职位空缺。《缪斯》本来并不是我非常心仪的杂志，但是

① 一个居住在垃圾筒里，爱发牢骚的小怪物。
② 美国动画片《蓝精灵》中的人物。

成为一名真正的编辑这个想法实在太诱人了。我的一个公关朋友替我询问了一下他们的时尚主管是否有兴趣见我一面。对方同意了，我激动不已。让我更激动的是，在我去见这位时尚主管之前，她想让我为他们接下来的一次拍摄做整合创意板的工作。我喜欢做有创意的项目，也很希望自己对于时尚的眼光可以帮我脱颖而出。

在杂志社里，每个报道故事的诞生都需要事先将脑海中的想法落实到纸面上，然后才是征集各种服饰配件。这个过程被称之为“制板”。我们那个时候，所谓的板子都是用质量上乘的软木做的，编辑会将自己脑海中的想法写下来钉在板子上。整个过程无比地冗长乏味：你瞧，摄影师拍摄T台秀时，他们的胶片会被制成“幻灯片”。每个杂志社都有一大盒一大盒的这种幻灯片，每个盒子都是某个设计师的一个系列作品。在制板时，我们要选取合适的幻灯片，使用幻灯片播放机将它们转化为照片，再钉到板子上。

因为时尚编辑一般要求会很具体，他们每个人的制板方式都带有鲜明的个人风格，甚至对于幻灯片如何转化为可用的照片都有自己的偏好。对于大部分时尚编辑而言，最重要的是一定得在照片上看到模特的脑袋，因为这样他们才能知道T台上谁的表情是怎样的（普遍认为最好的模特表情也最好）。但是幻灯片转化机器不是那么容易操控的，经常到最后你会发现你把照片上模特的脑袋不小心裁掉了一点儿。如果发生了这种事就只得重来。

要是钉在板上的照片中模特的脑袋哪怕只少了一点儿，你就死定了。规矩就是这样。

我知道这次为《缪斯》制板，我得做到尽善尽美才行，可能还得重复无数次。所以，我下定决心问一位摄影师朋友借来了机器，这样我就可以在家里做，还能更好地集中精神。很多次，为了保证模特的头顶完整，我都不得不重复好几次才能做好一张照片。在做配饰时，我专门使用了自己的指甲钳以确保不要剪错。你知道当你全身心投入某事，而且很确定自己做得很棒的那种心情吗？我知道这次我肯定成功。我特别激动想把我的作品给那位时尚编辑看，只觉得面试怎么还没到啊。

终于到了面试的当天。我将自己的板子（我做了两块）像呵护初生婴儿一样小心地放在大大的手提袋里，以确保上面的照片不会弄弯或变皱。到达《缪斯》时我提前了一刻钟。毕竟，你等人总好过让人等你。我的面试是在中午进行。别忘了，那个时候还没有智能手机可以打发时间，所以我只好坐在大厅里，一边打量自己的红色指甲，一边等着那位时尚编辑的召唤。大约十二点二十分，我看了看手表，难以置信已经这么晚了。我哪里有时间离开公司那么久！我开始紧张起来，如果《工作室》的同事发现我人不在该怎么办？有时候，我其实觉得别人让你等只是为了给你一种“我好忙，哪里都离不了我”的印象。到了十二点四十五分，我开始有种感觉，这位编辑或许就是我说的这种人。

下午一点整，她的助理终于出现在大厅，让我跟她走。很好，我人生的一个小时零十五分钟就这么一去不复返了。这个助理是个非常安静的姑娘，看起来很紧张、很不安。

“今天很忙？”我问。

助理一脸茫然地望着我说：“没啊。”好极了！越来越有趣了。（*S）

助理小姐领我进了一个一眼就知道不是办公室的房间，那个时尚编辑连人影都没有。“是让我等在这儿？”我问。“是的，她很快就来。”助理回答道。还要接着等？那女人是认真的？很显然我的时间对她来说根本毫无价值，而更重要的是，她很想让我知道她有多么重要、多么繁忙。

下午一点十五分，时尚编辑大人终于姗姗来迟。她光脚估计也得有五英尺十英寸[①]——还穿着高跟鞋，那还得再加上四英寸。她一头褐色拉直中长发，垂到肩膀处；嘴唇看起来很少笑。她甚至都没有张嘴，我就被吓到了。

“嗨，亚历珊德拉，很高兴见到你。”我友好地打着招呼，一边伸出手想跟她握手。

“你的板子带来了吗？”她干巴巴地说，颇具有穿透力的绿眼睛好像在我身上钻了个洞。咕嘟。

我弯下身小心地把板子从手提袋里拿出来，看到她的表情仿佛在说“你要让我等到什么时候”好嘛，她刚刚让我等

① 英美制长度单位。1英尺≈30.48厘米；1英寸≈2.54厘米。

了一个小时零十五分钟，现在我们见面不到两分钟竟然就开始催我了。本来我还一腔热血想给她看看我的板子，现在血都凉了。我把板子放在桌上让她评价。刚刚开始解释我的想法，她就打断了我。

“有些模特的脑袋被你给剪掉了。在我们这里这是不可接受的。”

什——么——？！我的模特脑袋都很完好！“不好意思，亚历珊德拉，我真不清楚你指的是什么。你能具体指给我看哪里被剪掉了吗？”我很客气地问。

“你是说我看错了？”她高声说道。

“不，当然不是。我只是不知道你说的头被剪掉是在哪里，因为在我看来，他们都挺完整的。”我小心地回答。

“是吗？我不会给你指出来。如果你看不见，那么很显然你不合适这个职位。”她说。

这么一句话就判我彻底出局了。我震惊地好半天说不出话来。还没等我说“谢谢你拨冗跟我见面”，亚历珊德拉就告辞了（没错，哪怕我已经到了怒发冲冠的地步，还是很好地保持住了自己的风度）。助理小姐走进来，一脸“我就知道会这样”的表情，看来她不是第一次目睹这种事了。

“她一直都这么严厉？”我问她。

她还是一脸茫然地望着我说：“我不懂你什么意思。”远处，亚历珊德拉正在瞪着我们俩。

回公司的路上我还是没能缓过劲来。首先，真的已经很晚了。我都不知道回去等着我的会是什么；其次，**我的天哪！**刚刚那个简直是场噩梦好吗！不要管之前我费了多大的心血，构思了多棒的故事。打死我也不要在这种人手下工作好吗！我怎么这么倒霉又碰到一个希瑟！简直难以置信，这让我无限心塞。难道每家杂志社都是这样？我真诚地希望不是这样。我急切地想碰到另一个像伊丽莎白或迪恩这样的上司。

回到办公室时，一切如常，非常平静。谢天谢地，没有人问到我。在自己的座位上坐下之后，我的第一个想法就是写封感谢信，但最终还是决定等我回到家以后再说吧，这样还能好好考虑一下到时候说什么。谢谢你让我等到地老天荒？谢谢你是个“神经病”？简直不敢相信我居然还得感谢那么一个人！但是，我还是认为，自己不能把格调降低到她那个层次——虽然我很怀疑她有没有所谓的格调。那天晚上，我写下了以下的邮件：

发件人：阿莉扎·贝恩菲尔德

收件人：亚历珊德拉·罗西

主题：谢谢

亲爱的亚历珊德拉：

非常感谢你今天拨冗见我。我很高兴可以制作那两块板供你考虑，我觉得自己对你们拍摄主题的想法非常契合《缪斯》女性版块的品位。我很抱歉你不太同意我对模特头部的裁剪；我确实很认真地确保所有的头部都完美无瑕了。希望你能考虑我在样品选择上表现出的时尚观点，我相信这足以证明我具备一名时尚编辑的眼光，和你一样。

此致

敬礼！

阿莉扎·贝恩菲尔德

呕！我都要吐了！但是，你知道吗？我对这封邮件感觉很不错。拍拍马屁可能让她重新考虑一下，提出录用我，然后我就会狠狠地拒绝她。

像亚历珊德拉这种人真的会让你眼界大开。世界上有很多人，他们心里只有自己、自己的地位、自己的立场。很不幸的是，时尚业充斥着不安的情绪。这经常是因为有的人能力并不出众，偏偏却能步步高升、压别人一头。一方面，你参加面试就是为了给对方留下好印象，让对方了解为什么聘用你符合公司的利益；而另一方面，你可能会遇到像亚历珊德拉这样的人，他们无法忍受自己的团队中又出现一个有能力的人。所以说，面试其实是个双向选择的过程；当你在面试单位考察自己是否合适的同时，也需要仔细考虑这个单位是否合适你。我肯定不愿意为无法认同我的能力、非要打压我自信的人工作。能够早点儿发现这一点反而是件好事。**小贴士：不要为了得到一份工作就装傻充愣、**

伏低做小。如果你真的这么做，潜力就不可能得以充分发挥。

几周之后，我偶遇《缪斯》的一位初级编辑，他刚刚辞职，因为在他离开自己办公桌的那段时间，有人把他的板子上钉的模特照片头上戳了一堆的洞眼。这事成了办公室的不解之谜，大家都想不出有谁会干出这么疯狂的事来。有趣的是，我倒是知道是谁干的。我们聊了几分钟，然后我问他："你后来找出来是谁在你的板子上戳洞的吗？"

"我没法证明是谁做的，但是我怀疑是亚历珊德拉。"他说。

啊哈！"她干吗要给你搞破坏？"我问。

"因为她讨厌有人比她做得好，而我干得确实不错。主编都会直接来找我而不是她，因为，和她不同，我是干实事的人，也总是努力解决问题。"哦，这样就讲得通了。看来不是我心里阴暗，事情果然正如我所料。

那个初级编辑本来不该辞职。他就该大大方方地到主编办公室，把话都摊开了说。我其实一直接受不了有人遭到不公平的对待。既然这位初级编辑有主编站在他的一边，他明明很有可能为自己讨回公道。可是就是有些人不能直面冲突，宁可躲避也不愿意迎战。但就我了解到的，办公室内斗其实哪里都有。不管哪个行业，总会有像亚历珊德拉那样的人，或者也会有人渐渐变得跟她一样。如果你放任对方横亘在你前进的道路上，只知道闪避，那么永远也不可能有成功的机会。**小贴士：脸皮厚一点儿**。

我们的目标始终应该是学习如何远离这些“搅屎棍”。当然，有时候你别无选择，只能揭露某些恶劣行径。但是在指责别人之前，首先你得确保自己手里有证据。道听途说取得的证据总是伴随着风险，所以最好你的调查水平已经到了奥利维亚·蒲伯[①]那个级别。打蛇不死，反受其害。不过，至少你已经尝试过了。这个初级编辑居然就这么放弃了一份好工作，还是在“老大”主编都很欣赏他的情况下。他应该为自己奋起抗争的，因为如果你自己都不去争，还有谁会为你争呢！

自拍：如果你的上司是蕾吉娜·乔治[②]怎么办？

首先声明，此处以蕾吉娜·乔治为例，并不是专指女性。想想《工作室》的那个杰里米吧。我可是见过很多男人都有同样的行径。只是《贱女孩儿》这部电影实在太好看了，你不觉得吗？

你要如何分辨出自己的上司是不是那种乍一看显得特别专业，结果却处处想整你的人？

① 美剧《丑闻》中的女主角，一名危机公关专家。参见p283页。
② 参见p284页。

1.他会让你不要说话，除非别人让你开口——制造了一种“我是在保护你”不被会议上的老鸟碾压的假象。结果等会议结束，他会质疑你刚才为什么一声不吭。

2.他分派任务给你，但是就是不告诉你完成工作需要的关键信息。例如，他会让你列出所有的顶级电视节目，但却想不起来告诉你，“只要那些针对青少年的”。然后等你把工作交上去，他会说：“为什么还有四十岁的中年人？”

3.明明是你的创意，他非但不会表扬你，还会对外说成是自己的。这一条特别龌龊，因为经常你的工作确实包括向上司建言献策。但是即便如此，上司也可以让你沾沾光，这才是有风度的做法。

4.他从来不让你参加重要的会议，但是跟你同一级别的人都受到了与会邀请。他还禁止你直接给主管发邮件；

5.无论你工作做得怎么样，他总能挑出毛病来，哪怕你就是一丝不苟地按照他的要求做的。

6.他会扔给你明明根本不需要做的琐事。例如，将所有的曲别针按照颜色分开放好。没错，真的有这种事。

7.他问你要你邮箱和语音邮箱的密码，说是以防你生病时他需要查询邮件。（你是间谍吗？！）

8.他会因为莫名其妙的原因冲你大喊大叫，例如如果你给女上司买错了扎头发的皮筋，她要细的，你买了粗的！！！

9.你打电话请病假，他会把你骂个狗血淋头，好像是你想生病一样。

10.他指责你胆敢蓄谋篡他的位。

办公室政治在哪个部门、哪个公司、哪个行业都存在。而且，世界上总会有人试图用不那么光明正大的手段上位。希瑟和亚历珊德拉用同样无理取闹的手段为难我。先说说希瑟，她是拿我的头衔（也可能是我的自信）说事；而亚历珊德拉，她谎称我把模特的脑袋剪缺了。而杰里米，他是本着死道友不死贫道的心态，让我给他背锅。但是，做好准备吧，还会有其他类型的游戏玩家。而下面这个，很可能是其中最恐怖的一种。

如果你本身是个精神正常的人，那么有时候你会发现很难理解某些精神不大正常的人。我总是习惯于以己度人，所以鲜少觉得有必要先确定对方是不是“神经病”。但是这么多年来，我听过一些疯狂的故事，故事的主角非常可怕，因为他们的疯狂是隐性的。事实上，他们将自己的不正常隐藏得很好，以至于有时候你觉得发神经的是你自己而不是他们。我们可以姑且将这类人称之为“天才雷普利[①]”型。

在一家声誉卓著的杂志社，一个名为查尔斯的家伙受聘成为广告销售部的主管。他相貌英俊、身材高大、衣冠楚楚，看起来是个非常有创意的时尚达人。只要他一出现，就会成为大家注目的焦点。查尔斯的一切近乎完美，难免引发不平不满，但他性格友善，又乐于与人合作，这就多多少少平衡了其外形上的完美。

佐伊是查尔斯的同事，她任职于同一家杂志社的编辑部。一般，一家杂志社的编辑部与广告部多少有点儿分庭抗礼的意思。佐伊和查尔斯虽然是同事，但并不经常碰面。不过，偶尔见面的几次，他们都相处得非常愉快，佐伊和她的团队对查尔斯都很有好感。

直到有一天，查尔斯给佐伊留了一条语音留言：“佐伊，我得跟你谈谈阿曼达。出了点儿问题。”

哇哦！佐伊想，阿曼达？阿曼达在她手下干了差不多三年，所有人都喜欢她。事实上，查尔斯还是第一个说阿曼达有问题的人。佐伊听到这个消息心情有点儿低落，因为阿曼达可是公司打算大力栽培的对象。

佐伊给查尔斯打了个电话。“嗨，查尔斯，我是佐伊。阿曼

① 1999年12月25日上映的美国影片，该片由安东尼·明格拉执导，改编自女作家派翠西亚·海史密斯的同名小说，故事讲述了出身贫寒的美国青年雷普利，受到一名富商的委托，去意大利劝他儿子迪基回美国，而雷普利却被迪基奢华的生活吸引，在欲望的驱使下，他杀害了迪基，并将其取代。

达怎么了？”

“佐伊，我真不想跟你说这个，不过，她对保罗态度实在太糟糕了。就因为保罗没把她在编辑会议上需要的广告分析报告给她，她简直恨不得杀了保罗。”

“不会吧？！”佐伊说，“听起来完全不像是阿曼达会做的事。不过我会马上找她谈谈。”

挂上电话，佐伊还是觉得难以置信。但是查尔斯也没有理由撒谎啊。佐伊把阿曼达叫到办公室，让她坐下。

“阿曼达，你和保罗怎么了？”佐伊问。

“保罗？没怎么啊。”她回答。

“之前你开会要用的那份报告，他给你了？”佐伊提示道。

“没有。”阿曼达说：“不过，时间实在是太紧了，他没法及时做出来。”

佐伊暂时没有任何头绪，不过她不想误导阿曼达，所以换了个方式问道：“你觉得有没有什么事会让保罗对你生气的？”

“没有……吧？”阿曼达的语气充满了迷惑。

佐伊对她表示感谢，让她顺手把门关上就放她离开了。因为接下来佐伊打算给保罗打个电话。

“保罗，我是佐伊。我就是想弄清楚你和阿曼达之间出了什么事。”

保罗回答道：“我不太理解你的意思。”

“你不是在生阿曼达的气吗？她没有对你态度恶劣？”佐伊

的语气里有着不确定。

“阿曼达？没啊，我们俩挺好的。”保罗回答道。很好。佐伊想，所以，查尔斯到底在搞什么鬼？！

佐伊把查尔斯的话转述给保罗听，保罗完全无法相信自己的耳朵。佐伊也无比糟心。查尔斯撒谎了？！他是在刻意搅风搅雨？这又不是人生频道[①]播放的电影，有谁能做得出这种事来？就在那一刻，佐伊意识到自己面对的可能不是个正常人。她决定打电话给查尔斯，拆穿他的谎言。

“嗨，查尔斯，我想给你说说我跟阿曼达和保罗谈话的情况。”佐伊开门见山地说。

“你给保罗打电话了？！”查尔斯不敢相信地叫道。

“呃，是啊，你当时听起来让我觉得保罗可能真的特别特别生气，所以我当然需要看看他怎么样了。”佐伊回答道，“不过有意思的是（*S），保罗不太理解我的意思。”

“是吗，这可真奇怪，”查尔斯说，“他明明为此心神恍惚来着。”

“不，事实上他根本不知道你是什么意思。”佐伊反驳，并进一步问道，“所以，问题来了，你跟我说的到底是打哪儿听来的？”

这时查尔斯彻底失控了，他开始大吼大叫，不停地说“佐伊

① 即Lifetime，是迪士尼旗下专为女性开设的电视频道。

居然胆敢指控他撒谎”之类的话。佐伊只是坐在那里，一言不发，等着查尔斯发完疯。等到查尔斯终于停下来——或者可能只是歇口气，佐伊非常冷静地说：“我看我们还是维持自己的不同意见好了。我还有个会要开。再见。”

从那天开始，佐伊发誓再也不跟查尔斯讲电话，她也建议团队里的每个人都这么做。查尔斯是个骗子、搅屎棍，根本不值得信任。所以，每次当他给她们中的任何一个人打电话时，就会自动转入语音信箱，然后她们会邮件回复说“我收到你的语言留言了，我现在正在赶一个约会，有什么事吗”。然后佐伊会把每封往来的邮件都打印下来，放进一个名为“查尔斯”的文件夹。居然为一个人做到这种地步听起来好像挺不真实，但是查尔斯非常危险。白纸黑字才是唯一的解决之道。

有一天，一家给一个眼镜品牌做代理的公关公司的员工奥布里给佐伊打电话，告诉她“她为拍摄找的眼镜”可以去取了。佐伊一头雾水。什么眼镜？什么拍摄？所以，她故作随意地说没太明白奥布里的意思。奥布里回答道：“你知道的，就是查尔斯跟我们征集的那款。”

什——么——？！佐伊的心马上提了起来。查尔斯不应该跟公关公司联系；他是负责广告的。除此以外，查尔斯这是在侵犯佐伊这么多年建立的人脉。不管查尔斯是因为什么原因需要一副眼镜，按照行规，也该是先找到佐伊，由佐伊代他去跟公关公司要求。佐伊让奥布里将查尔斯与她之间来往的所有邮件都发给自己。由这些邮件来看，很明显，查尔斯完完全全是在越权行事——甚至他还说是佐伊让他来联系公关公司的。

佐伊以前在工作中从来没有碰到过这种事。要不就是查尔斯觊觎自己的职位，要不就是查尔斯想借此害她被炒鱿鱼。最根本的一点是：此事必须解决。所以，佐伊给查尔斯发了封邮件，询问他为什么招呼都不打一个就自己联系公关公司去征集样品。以下就是佐伊写给查尔斯的邮件：

发件人：佐伊·费茨帕特里克

收件人：查尔斯·威廉姆斯

主题：眼镜拍摄？

亲爱的查尔斯：

今天我接到奥布里的电话，她告诉我你以我的名义，为了我的拍摄找的“眼镜”已经可以去取了。可是我本人却不知道这是怎么一回事，你可以解释一下吗？

发件人：查尔斯·威廉姆斯

收件人：佐伊·费茨帕特里克

主题：回复：眼镜拍摄？

亲爱的佐伊：

你搞错了。我只是跟奥布里一起吃了个饭，你也知道我们是老朋友了。然后我恰好提到有个拍摄，她就提议说给我们杂志送一副眼镜过来。这都是她的主意，不过也没什么大不了的嘛。

查尔斯

问题是，佐伊拿到了查尔斯的邮件，上面清楚地写着“佐伊让我征集”以及“为了她的拍摄”等字句。过去几个月，佐伊听了太多不尽不实的话和彻头彻尾的谎言，她实在无法相信查尔斯有多蠢，居然还敢把一切都推到奥布里的头上。很显然，查尔斯认为佐伊根本不会去调查。抱歉了，查尔斯。

佐伊给人力资源部打了电话，定下一次面谈，讨论这件事，并请他们出面邀请查尔斯与会。“查尔斯”文件夹现在已经很有分量了，足有一英寸厚。佐伊将所有打印好的纸张都放在自己的手提包里，所以查尔斯完全不知道等待他的是什么。

佐伊为这次正面对峙设计的策略就是：保持冷静和专业素质，因为没有比无法激怒对手更让人沮丧的了。所以，会议一开始，佐伊只是说为了备案，她要先说明自己和查尔斯各自负责的领域，这样大家才能更好地理解（或，加深理解）他们两个人职责的不同。接下来，佐伊直截了当地问查尔斯为什么直接联系奥布里，虽然佐伊对查尔斯会用什么借口心知肚明。

查尔斯马上为自己辩解，开启咆哮模式。他起先撒谎说，他告诉过佐伊关于他与奥布里共进晚餐的事，然后又大声指责佐伊为什么要问这些她已经问过、自己也回答过的问题。好吧，佐伊是故意的，她就是要让查尔斯当着人力资源部的人的面撒谎。

这个时候，佐伊终于拎起她那个巨大的、一看就非常沉重的手提袋，出其不意地把所有打印的邮件都摊在桌面上。然后，她冷静地看着查尔斯，说："我们是否需要一封一封把这些你写给奥布里的邮件都过一遍？我想我们最需要看的应该就放在最上面呢。"查尔斯什么也不用说了，因为佐伊都有证据，随时可以反驳。接下来，佐伊提出了最致命的问题。"查尔斯，我开始怀疑，你是不是想要我的位子。你不是真的想要我的位子吧？"佐伊质问道。

查尔斯脱口而出："如果我想要你的位子，你以为我得不到？！我会比你干得更好，我认识很多人，可以为杂志社达成惊人的成就。"佐伊不需要再说什么了，接下来有人力资源部接手。不同的职务之间有着一定的界限，查尔斯绝对不允许联系他在"公关公司的朋友"为某个莫须有的拍摄征集配饰，就好像佐伊也绝不允许直接打电话给某公司向其推销杂志的广告版面一样。

佐伊的使命完成了。她将查尔斯不正常的一面暴露在大庭广众之下，现在感觉好多了，因为她终于不是唯一一个知道这个秘密的人了。现实中，人们种什么因就会结什么果。查尔斯是自作自受。不用同情他，因为天才的雷普利先生还会继续前进，找到其他猎物的。所以，在这间杂志社查尔斯是升职无望了，他去了另一家公司，在那里没有人——暂时没有人——知道他是一个“神经病”。

实操指南：如何与天才的雷普利先生共事？

1.让自己无懈可击。这种同事某个时候总是会想方设法挑你的毛病。确保自己没有可以被指摘的地方，记录也毫无污点。你肯定不会想给他提供攻击你的弹药。

2.保持风度。这一点确实很难，不过哪怕是咬牙切齿也要保持冷静。就算你被逼到了崩溃的边缘，也要时刻表现出尊重和职业精神。记住：你失控，就正中他的下怀了。

3.尽一切可能，保证你们之间的交流有文字存档——不管你们交流的主题是什么。姑且假装你没有电话。

4.保留记录。如果出现万一，你的记性可不一定能帮助你，所以一定要将对方的劣迹全都记录下来。如果对方失去控制，你的指控就不言自喻了。接着你可以提出真正专业的、合法的证据，而不是只能哭泣抱怨。只要你能拿出长达十页纸的证据，没人会认为你是在伪造证据、诬陷对方。

5.尽可能减少与之打交道的机会。开会时，无论谈及什么方案，确保身边有目击证人。

6.如果情况愈演愈烈，将事情反映给上级或人力资源部。这种事一个人很难处理。不过，在选择这么做之前，先把你的工作安排得井井有条。

7.管好自己的嘴巴！一个人可能犯的最大错误就是把同事的八卦说给（公司内或公司外的）其他人听。如果实在控制不住，就和与你所在行业八竿子也打不着的人说吧。没有人能真正保守秘密！你肯定不是唯一一个听过“这事我只告诉你”这话的人。

8.记住你的每一份工作都会影响到下一份工作。所以，哪怕你再想抹去与天才雷普利先生之间的过往，也没必要这么做。每个行业内，人员流动得都很快，做人还是留一线比较好。因为风水轮流转，你肯定不会希望某一天你得与那个人再度共事，甚至更糟糕，在他手下工作。到时候日子就难过了，因为他会很恨你的。

无论哪行哪业，政治和人际关系都是棘手的问题。有时候一份好好的工作会因为钩心斗角而被毁，所以，为人处世是一个人需要学习和掌握的最重要的一项技能。无论发生什么事，你都要始终记住自己的价值，保持你的职业操守。我们的周围什么时候也少不了难处的人和缺乏安全感的人，但是归根结底，你也不能因为害怕与这些人正面对抗，就牺牲自己或自己的梦想。永远不要让人压垮你的精神。自信是一种天赋。拿出大明星的架势来，放射出独属于你的光彩。不过，始终要记得尊重公司里的上下级关系。在每个职位上付出200%的努力，这样，即便最终结果仍不理想，至少你尽力了。不过，话又说回来，有时候你会意识到是你太好了，如果对方看不到这一点，不用勉强；此处不留人，自有留人处。

第九章

调整方向，继续前进

既然我很清楚自己在《工作室》的日子屈指可数，《缪斯》的职位也化为了泡影，我就开始尝试去别处面试。本以为会是最美妙的工作，却不得不画上休止符，实在令人心痛；但是，坦诚地面对，继续前进，总好过踟蹰不前，坐等情况变得不可收拾。我很努力地参加了几次面试，可是都没有什么结果。看起来，我感兴趣的杂志社里，编辑多半都是待了起码十年以上的老人，各个都没有想离开的意思。也就是说我在那里也没有成长的空间了。我不可能为了当编辑等上那么多年。

难道是我太没耐心了？可能吧。当然，我完全可以继续面试一个助理的职位，也可以积累不少经验。但是，直觉告诉我这条路不适合我。我在《工作室》已经获得各个方面的经验了，实在不想再去别的地方重来一遍。我觉得自己已经到过那个级别，也都做过那些工作，不愿意再做了。这么想谁对谁错我永远不可能知道，但是我深信当务之急是要开阔视野。我需要新鲜的事物，不一样的挑战。

无论从事何种职业，你都要把自己所在的行业看作一颗洋葱：更外面的一层是什么样的？紧贴着我们的那一层是什么样的？我所在的这一层是各种编辑、造型师、文字编辑、专题作家，等等。在那之外则是所有辅助我们工作的人：设计师、代理这些设计师的公关人员。没有人可以生活在一个封闭的泡泡里，所以有必要关注我们附近都有些什么人，设想一下其他工作是怎样的。我在《DC时刻》做广告销售时就是这么做的。我把眼光不只放在广告销售团队上，更看到了编辑部的同事。**小贴士：不要只闷头做自己的事，也学着做点儿别的工作。**

本着这种心态，在为《工作室》的拍摄征集各种配饰的同时，我开始思考那些天天都要打交道的公关。哪怕只是因为经常接触，我都渐渐了解了公关部门同事的工作。更重要的是，我知道了精英与非精英之间的区别何在。在与客户的关系方面，你会知道你喜欢哪类客户，不喜欢哪类客户。通过这种耳濡目染可以快速地成为一名好公关。

接着，我开始给我认识的其他杂志社的编辑打电话，询问他们那里的公关部是否有空缺。我觉得这比起我自己费神去打听好多了，而且这些编辑可是消息灵通得很；毕竟，要论公关部是否在招人，还能有谁比这些每天都要跟他们打交道的编辑们更清楚的？这样，我既能迅速地获得消息，还不用亲自跟各杂志社公关部联系。**小贴士：利用现有的人脉寻找工作机会**。亲自打电话，不可避免地让自己处于一个先天弱势的位置上。随便看看有没有工作机会，与急需一份工作可不是一回事。我想让自己占据主动。

我听说DKNY的公关部有了个初级职位的空缺。DKNY可是陪伴着我长大的；事实上，我小时候居住的小镇就在唐纳·卡兰老家所在镇子的隔壁。我很喜欢这位设计师，也很有兴趣在公关行业里小试身手。不过，我不打算主动打电话给DKNY，而是请了另一家杂志社的一个编辑朋友给我引荐了一下；当然，我假装完全不知道她居然为我冒了这么大的风险。眨眼。**小贴士：哪怕你把自己说得天花乱坠，也比不上第三方的担保那么具有说服力**。

其实你想啊，除了一份好的推荐，我还拥有什么别的优势吗？我本来就不具备实际的公关经历。所以，我得突出强调某些本人特有、其他具有相关经验的竞聘者完全无法匹敌的优势。

一天早上，我办公桌上的电话响了。“嗨，这是DKNY的艾米，是阿莉扎吗？”

“是的，是我。”这时我自然知道艾米这通电话可能是为了某个职位空缺，但我装作对此一无所知。我的策略就是——淡定。

“我们有个职位，需要招募具有配饰公关方面经验的人。甲编辑给了我你的名字。你觉得有兴趣谈一谈吗？”没有才怪？！

“没想到甲编辑能想到我，她人真是太好了。我当然很想了解一下这个职位的具体情况。”我说。几天以后我去参加了面试；结果发现，因为在编辑部的工作经历，我对公关方面的事务竟然知道得那么多，这令我自己都大吃一惊。我的前一份工作教会了我如何做好下一份工作；它们本来就是一体两面。所以我才说我们必须了解自己同事的业务内容。可以说，虽然没有真正在公关领域内工作过，但我几乎自学成才，知道了公关是怎么一回事。

不久以后，艾米给我打电话，说这份工作是我的了。我请她发来书面文件。因为我实在没什么经验，所以只好较真一点儿，同时也是想确认我们双方达成了清晰的共识。我可不想在尚未确定自己拿到了另一份工作的前提下就贸然从《工作室》辞职。拿到艾米发给我的确认信是我一生中最自豪的时刻。这标志着我在公关领域踏出了第一步。

8月17日，我开始在DKNY工作，时值仲夏。办公室在40号大街上，离著名的第七大道不远，就位于时装中心[①]的正当间儿。整栋楼都属于DKNY，公关部占据了整个12楼，旁边就是展示间。我对于踏上新的征程原本激动不已；可谁知等到了地方才发

---

① 零售妇女服装业中心，以生产制作和批发服装而闻名。

现，我的新工作和原先在《工作室》的工作几乎没什么差别。

虽然我已经改做公关（我有一张宝贵的名片可以证明），可是与当初在《高定》和《工作室》负责的还是同一类事务。目前我的职务是“助理配饰公关协调员”（我已经仔细确认了两遍以上），结果还是管理样品间，负责给数百个包包和鞋子做记录。

很多人可能会觉得这根本是平调。事实上，时下我面试过的很多人都很担心自己进入公司以后会面临平行调动；他们总想着找份新工作就是为了得到更高的薪水，获得更多的职权。这么想当然无可非议，不过有的时候我们需要换个角度看待机会。你不能仅仅着眼于这份工作本身，还要想想你的新公司、新老板和全新的工作环境。如果说，你以前的老板对你完全是放养，而新老板则很乐意手把手地教你，这还能算是平调吗？或者，原本你所在的公司默默无闻，而新的公司则是全球顶级品牌，这怎么能算是平调呢？所以换工作不能只考虑职位、薪水和日常工作安排。

小贴士：决定一项工作的好坏要看这份工作有多大的上升空间。看似平行调动，可能会成为改变一生的机遇。

我相信公关行业肯定比待在杂志社的编辑部有更多的职业可能性。当然，我的工作和以前很类似，也很琐碎，但我还是不断地提醒自己，总有一天我不需要再负责这些事。我下定决心着眼于当前，不去想未来。当下我更喜欢没有目标。毕竟，我之前有那么长一段时间都想当医生，结果又怎么样？对现在的我来说，一切顺其自然，慢慢考虑各种可能性更加合适。放弃学医让我重燃对时尚杂志的热情；而对于杂志行业的了解则让我进一步了解了公关这个领域。我从来没想过成为公关，只是自然而然地走到了这一步。**小贴士：忘记长期职业规划吧。走好眼下的这一步，下一步就会变得异常清晰**。于我而言，踏进我看好的一扇门，再投入200%的精力更加重要。因为一旦你在这里取得成功，引起大家的瞩目，总会有另一扇门为你开启。

公关是我的事业，可要不是我在几个杂志社工作过，又怎么可能知道。这都不是事先规划好的，只是水到渠成而已。如果有人告诉你，他已经提前制订好了接下来五年的规划，那肯定是胡说。你根本不可能知道。抱歉我说得太直，但你就是不可能预料得到。这不是能计划得了的，而是一个一个决定所引发的结果。有时候你的决定很明智，有时则不然。但关键是决定前进方向的人是你自己。

我知道从外界看来我在公关部所做的一切既肤浅又很傻。我记得有朋友——他们都是圈外人——曾经这么跟我说“所以说，你就是每天摸摸包，玩玩鞋子，就能挣钱”。呃，大致是这样吧。在公关部，样品就是通货，我每天的时间都用来登记、打包、把样品送到世界各地。所以，我现在练就了一身组装瓦楞纸箱的本事，而且我使用胶带座也特别熟练；另外，可能所有做公关的人都会告诉你，你会和邮差发展成“莫逆”之交，更不要提各种各样的快递（我最喜欢环球国际[①]）小哥了。要知道，为了

---

① 1997年成立，位于纽约，专门服务于时尚和传媒产业的全球物流公司。

完成工作你得不计一切代价。相信我，这代价还真不低。

然而，事实又远不止于此。越是深入了解一个行业的内部运作方式，渐渐地就能学到很多重要的技能。我可不仅仅是摸摸包，玩玩鞋子而已；我开始领会，各个品牌如何通过自己的公关策略——更准确地说是通过杂志版面上所有物品的摆放方式——向外界传递某种讯息。客户可能是掏钱在我们杂志上做广告，但是，我们杂志却是在潜移默化地向公众传播自己的品牌。

我刚开始在DKNY公关部工作时，我们唯一需要打交道的就是各位编辑和一些造型师。当时还没有什么网络的概念；没有网站，也没有博客（我知道，这听起来简直像历史，可是其实距今也并不算久远）。因此，你所有的人际网络都是手动建立的，要么靠会面，要么打电话。完全无法想象是不是！同样的，编辑在发现流行趋势时也只能靠单打独斗；那会儿可没有什么网站实时刊登“时装周看流行趋势TOP10”这种文章。编辑们必须根据自己的亲眼所见去揣摩流行趋势，而且也没法提前得知其他杂志社的同仁有什么想法。而换成当下，只要编辑想，就可以看看其他同仁的博客或推特，了解趋势了。

当时也没有任何可以有效跟踪样品的方法。今天我们都被时尚GPS这种高科技产品宠坏了，这种电子设备可以对一件样品的每一个动向进行数字化追踪。可是回到我那个年代，人们只能靠铅笔和白纸！（当然，比较先进的人可以给样品贴上标签，再通过EXCEL跟踪。）

虽然没有完善的系统，但我们还是应付过来了，就是效率实在令人心塞。就我的工作而言，知道杂志究竟如何运作至关重要，所以我就去学了。令我自己都感到震惊的是，之前我在编辑部的经历居然让我对公关了解那么多。**小贴士：如果暂时找不到梦想中的工作，就去与之相对的行业积累经验吧**。这就是镜像效应。

我初到DKNY时，还根本没有所谓的配饰公关策略呢。实际上，我觉得在我之前都没有人专门关注过配饰。这样也好，我就可以完全按照自己的想法来做事，结果深受大家的好评。在我看来，配饰其实比人们以为的更加重要。我对配饰满怀热情，甚至远胜于服装。配饰是你在这个瞬息万变的时尚业生存下来的终极王牌。时尚潮流的更迭是以光速发生的，你根本不可能跟着潮流一季一季地购买新衣服；但是，每一季换个新包或一双新鞋还是没问题的。我总说，我可以一直穿同一条黑色裙子——只要每天都搭配不同的手袋和鞋子。而且，吸引我的不只是配饰丰富的多样性，我发现一只精致的手袋或一双精美的鞋子能产生神奇的效果（还记得我穿到布莱恩特公园的那双玛丽·简单鞋吧）。在那个年代，还没有所谓的“必败[①]”包包，或是“剁手[②]都要买”的美鞋。但是我已经感受到那种难以抵挡的魅力了。我深信，配饰接下来肯定会大火，配饰市场也将更加繁荣。

① 败，即buy的音译，又可以联想到中文中“败家”的表述，是网络流行用语。
② 通常指在网上购物时，花费大量的金钱，懊悔得想把手剁掉，是网络流行用 语。

所以，我再一次面临了没有绳子就自己搭梯子往上爬的局面：我得从零开始为DKNY打造它的配饰公关策略。我打算先由我从编辑部那里获得的经验开始，反其道而行之。在编辑部时，我是站在“买”的一方，而在公关部，我则站到了“卖”的一方。我的目的是宣传我们的配饰，但是手段呢？方式呢？所以，我问自己：站在编辑的立场，我会认为什么是最重要的。

我首先要做的，就是说服艾米：我们有必要编制一本DKNY配饰图集；这样会更加方便杂志编辑使用，他们才会乐于给我们的配饰做更多宣传。在此之前，编辑过来看过我们的当季配饰后，都是自己拍照。但是我们作为公关，难道不应该尽量让他们能更方便地引用具体的配饰图片吗？所以，我给每一件配饰都拍好照，把底片冲印好，根据不同的主题（比如，坡跟VS高跟）将照片放在一起进行彩色复印。封面我选取了当季的一件服装，也是彩色印刷，造型刻意做得比较有趣。我的手造图片集并不是特别精致，看起来也不那么专业，但是很有创意，也能看出我的用心。这不是别人让我做的，这只是我动用了自己的常识，选择了一种更高效的策略。如果杂志编辑不知道我们推出了什么配饰，又怎么会知道进行拍摄时可以征集什么样品呢？这只是一个小例子，证明了应该如何使一切尽在自己的掌握中，以及如何创造一种全新的工作方式。

之后，我选择了几家有意请他们宣传DKNY的杂志社，给每位配饰编辑送去了一本我制作的图片集。你问我是怎么知道他们每个人的名字的。我买了一堆杂志，然后通过发行人栏了解哪些编辑是专门负责配饰的。然后我给每个杂志社打电话，询问这些编辑的联系方式。也就是说，我从零开始打造了一本自己的媒体联系簿。

提出这个配饰公关策略都是基于我的直觉。但是如果没有实际的公关经验，我也不可能取信于上司的对吧？我始终相信，不管是谁、现在处于什么级别，任何人都能想出绝佳的创意。但是，并不是所有人都这么想；有些人只盯着别人的头衔看，完全不去考虑对方的想法是否真的有价值。这可太令人遗憾了。

那么，如果说你目前位于图腾柱的最低端，要如何将自己的某个新想法报告给你的上司呢？什么时候比较合适？新闻快报：你的上司注意力集中的时间不会比一只苍蝇更长。我得承认，作为一名高管，我也不能免俗。我觉得原因在于我每天千头万绪。但是，正因为如此，所以绝对有必要学会只用三言两语就把想说的事情表达清楚。如果上司只有很短的时间听你报告，那么提前考虑好你可能需要回答的问题；这样，如果上司只有五分钟听你说话，你就可以做到言之有物了。另外，在你开始口若悬河之前，先确定他现在是否方便。这样能更好地帮助上司集中精神并且专注于眼前事务，认真考虑是否有足够的耐心听你说。但是，要记住，如果你要报告的事刻不容缓，可千万不要等到黄花菜都凉了！

自拍：准备好给上司推荐你的想法了吗？

1.你做过调查了吗？没有调查，就没有发言权。你不能随便抛出一个想法就算了；还要解释具体的细节，包括各种什么、为什么、如何，等等。

2.有没有做过竞争力分析？同时展示你的竞争对手都在做什么会比较明智，也比较容易打动上司。确保你有足够的数据支撑你的论点。

3.有没有准备现成的解决方案？人们喜欢做选择，所以给上司列出各种可能的情况。“如果我们这么做，将会产生甲结果；如果我们选择那个，结果就会是乙。”经常，你还需要同时估算不同情况下的可能支出，所以最好能准备好最好、次好、最坏等各种备选方案。对不同的可能性进行成本分析还能体现出你对财务的敏感性，以及你的想法确实很实际。

4.是否将想法做成了演示？“百闻不如一见”。将你的创意做成优美的PPT展示，辅以精心准备的说明和数据。哪怕最后这个方案未能通过，你的努力也会被上司看在眼里。

不过，如果上司接受了你提出的创意，但是却将它说成是自己的创意怎么办？我知道，你费心费力想出一个创意，却被一个薪水远高于你的人强行霸占，这很不公平。但是，就像生活一样，职场也没有绝对的公平可言。所以，如果这种事真的发生了，你眼睁睁地看着上司在大庭广众之下展示你的创意，也只能咬牙忍了。不过，先别急着懊恼！要知道虽然高光的一刻你是要不回来了，但是一个想法提出来，总会有人有问题，而这，就是你的机遇了。你瞧，总是有你大放异彩的时候的。再说，等到创意通过、进入具体执行的阶段，你才是牵头、招募各种人手、将这个创意化为现实的不二人选。所以，你只要沉住气等待这个时刻的到来；毕竟，如果你真的跳出来打断你的上司，不让他盗取你的“荣耀”，结果也不会太好。

还有一个建议：如果你有了一个想法，想要跟上司报告，直接发邮件给他。这就是书面证据，可以证明这从头到尾就是你的创意（如果你觉得有必要，也可以在发送第一封邮件时抄送给其他同事；不过，还是要三思而行，有的时候上司不会太喜欢这种做法）。把你们之间往来的邮件存放在一个专门的文件夹里，可以命名为“年终总结”。这种简单的方法在年末评价你一年的表现时可以很有用。因为我们经常会忘记自己的某些想法，所以随时进行工作记录可以在年终时帮上大忙。到时候你自己都会因为你居然做了那么多事而感到惊叹不已！

有时候生活就像《偷天情缘》[①]的情节。公司不一样，问题却是同样的。DKNY充当样品间的房间里面有摞得像山一样高的鞋盒子，但是毫无条理可言。我看不见每个盒子里都是什么鞋；这就意味着如果我要借出其中的某一双会很艰难，我的工作效率会无比低下。

我决心要引入可视化的管理体系。于是，我给每双鞋都用宝丽来拍了照，将照片贴在鞋盒子上。因为同一式样的鞋子有无数双，所以我制作了一个编码系统，以最简明的方式标注每双鞋的特征。我会在相片上记录款式、颜色、材质和尺寸。但是，到了出/入库时又有问题了。我怎么能知道每个盒子是空的还是装了鞋子呢？看来我需要准备两张照片才行。我将一张照片上注明“在库”，贴到鞋盒子的一头，另一张上注明“外借”，贴到另一头。这样，当某个编辑到样品间调用样品时，我可以把她想要的鞋子取出，之后只需要把标注了“外借”的那一头朝外放就可以了。等到鞋子归还，我再将盒子调个方向，让“在库”的字样朝外。这做起来一点儿都不复杂，但是很有用。我的效率提高了很多，可以出借更多的样品供杂志社拍摄用了。

我为自己发明的这个系统激动不已，不过老实说这本来就是我的分内之事。一般而言，我是喜欢把所有物品都按照颜色排顺序的人；可是，这一次我激动的原因不仅仅在于样品间终于有了

---

① 1993年上映的美国喜剧片，又译为《土拨鼠日记》。

条理，而在于我所做的这一切。就好像我手里有家初创公司，只卖一种产品，但是这个产品无与伦比，时尚杂志的编辑如果不想拍摄它简直就是没有天理。我又填补了一个空白，这将让我在工作中充分地发挥出自己最大的潜力。

实操指南：如何察觉工作中的缺漏

1.跳出来换个角度：我们很容易陷入自己天天都要做的琐事中无法自拔。但是，时不时地，你需要把自己拔出来，从高处俯视自己正在做的事。即是说，你需要换一个视角。

2.审视整个流程：任何一个项目，只要仔细检查，总能发现冗余的环节。毫不留情地删除这些环节，你可以更专注于必要的事务，将时间分配给以前完全无暇顾及的方面。

3.温和地做出改变：我最讨厌听人说“我们一直都是这么做的”。是吗？那又怎么样？习惯一直都用一种方法做事，不代表不能尝试另一种效率高出几倍的新方法吧。

小贴士：不要害怕质疑陈规。

4.以邻为友！和其他单位的同仁相处融洽非常重要。反正你们又不可能聚在一起交换自己公司的情报。相反，在某些无伤大雅的小事上你们完全可以借助彼此的智慧，还可以彼此学习。

在发明了图片集，又搞定样品间之后，我开始重新审视DKNY的整个样品管理。一般而言，配饰编辑会选择自己心仪的款式，向我们预定，等借到以后基本整季都会将配饰留在他们杂志社的样品间里。我在《工作室》的时候，那里就有DKNY的专属鞋柜。我估计那时候DKNY的协调员还觉得这个策略挺棒呢。不过也是，为什么不呢？看起来这样做很是方便了编辑们。但是，作为拥有丰富样品间管理经验的人，我就不这么想了。编辑都喜欢新鲜的创意；过不了多久，之前再亮眼的鞋子都会变得跟周围的家具没什么两样。它们只能默默地待在角落里，等着编辑再一次想起来；而事实是，它们只能一天一天地放在架子上积灰，编辑早就忘记了它们的存在。从我来到DKNY的那一刻起，我就决定再也没有“鞋柜”了，我要让那些编辑从此开始正视曾经被他们如此不当回事的鞋子。

创造需求的第一步：制造饥渴。我把我们借给所有杂志社的鞋子都要回来了。就像被按到了什么开关一样，这些编辑马上开始哀号抱怨“你把鞋子要回去我们怎么办哪”。我又不是没干过编辑，怎么会上他们的当。抱歉，各位，以后你们得像对待香奈儿鞋子一样请我把鞋借给你们了。咱们都得按新规矩来。

我的地盘我做主，这感觉真不是一般的爽！我爱上了公关，也发现这份工作带给了我无比的满足感。没什么比从一位编辑那里听说他们杂志社又要拍摄DKNY的产品更让我高兴了。我希望我们的产品遍及各个地方；一本杂志做一期DKNY可满足不了我。我将样品出借给杂志社拍摄的频率高得惊人，同时还严密地追踪它们的所在和状况。这只包包拍完了吗？我可以立即取回我们的包包吗？我从来都不让样品闲置；因为一旦闲置，样品就很可能会迅速贬值——而且是打对折这种程度的贬值。平均起来，我每个月会安排出借六十件配饰和鞋子，有时候还会更多。我还像疯了似的不断刷新自己的记录。随着时间的流逝，我在业务这一块的参与也越来越多，我会和销售团队分享编辑们的反馈，试图对最终生产和销售的款式施加自己的影响。我成功地向公司证明了：配饰的确大火了。

为了让时尚杂志的编辑们给予足够重视，我还得跟他们进行安利，这就涉及拨打销售电话。每次当我打给一个编辑，说“嗨，我是DKNY的阿莉扎”时，总会不由自主地回忆起当初在《DC时刻》的日子，那时我每天打几个小时的电话，却满怀厌恶。而进入公关部，我再一次身处卖方立场，和在《DC时刻》时一样，我也得采取主动。但是，区别却在于，现在我可以建立自己的人脉，并且利用这些人脉为我们的产品赢得足够的宣传。

对每一个公关而言，推销都是门必修课，但是说老实话，推销对所有的工种而言都是必修课。无论你的工作是什么，只要你是在尝试销售或者推广某物，好的推销策略都会让你事半功倍。在准备的过程中，你要仔细考虑产品的“卖点”是什么：为什么听你推销的媒体或公众要关心你打算说什么呢？不管你要推销的是商品还是创意，都得明确指出其卖点，引起对方的注意。

例如，我有个朋友，她们公司生产健康饮品。我以前从没听说过这个牌子，所以我就问她，她们公司有没有进行任何公关，扩大品牌的知名度。她说她们公司成立不久，规模也不大，所以实在没有预算请人做公关。一听这话，我马上克制不住自己熊熊燃烧的“公关之魂”，开始就她们的产品提问：它有什么独特之处吗？喝了有什么益处呢？市面上有没有其他饮品跟它宣称的效果类似？等她一一回答了所有问题之后，在我俩看来“卖点”就已经很清楚了。她马上就明白如何才能让这款产品更有市场；如果需要对记者宣传这款产品，她也知道自己的重点应该放在哪里了。

自拍：你知道如何撰写宣传稿吗?

1.你知道宣传的对象吗？新闻记者会告诉你，下面这样的宣传材料堪称大杀器：（1）与他们报道的领域毫无关系；（2）与他们的报纸/杂志或网站的风格完全不搭。你得先做好功课，了解自己的受众群体是谁。

2.你找到最佳的公关角度了吗？针对不同的媒体，是不是可以选取完全不同的视角呢?

3.你事先确定好主题线了吗？我知道这听起来有点儿傻，但是主题线不仅关乎能否引人关注，同时还能方便以后搜索。如果有人需要从浩如烟海的邮件中找到你的那封，主题线可以大大地节省对方的时间和精力。

4.你选取的主题合适吗？添加有吸引力的小元素，这就和主题必须与受众相关一样必要。使用“你”或“你们”会让你听起来更具亲和力。**小贴士：把所有信息都塞进主题，这样的邮件让人看都没兴趣看**。

5.发件的邮箱地址合适吗？如果你的邮件地址很一般，还散发出垃圾邮件的气息，收件人打开的可能性就很小了。如果地址中包括“助理”字样，对方也不太可能看你的邮件；

6.你能提供“独家”报道，或者至少选取了一个独特的视角吗？人们热爱“独家”这个词，因为他们喜欢掌握别人不知道的信息。当然，如果你用了这个词，最好真的有独家的内容。

7.你是否根据收件人调整过邮件内容？无特定对象的群发邮件你是不是习惯性地会删除？没错，我也是。大家都喜欢看到邮件里的内容是花心思准备的。所以，不要让“转发”这个万恶的词毁了你的努力。更加不要群发。任何记者都不需要知道你除了他还发给了其他一百个记者。

8.你的邮件符合行文规范吗？有的时候内容不重要，重要的是形式。任何时候幽默与真诚都很可贵。如果对方发现你的邮件并非针对他个人，他有很大概率二话不说直接删除。所以，永远记住自己的对象，以及对这样的对象该说什么话。

9.你在写短篇小说吗？如果是的，没人会看的。所有的推销都需要言简意赅。你可以问问自己，是否愿意看你写的宣传材料；如果连你都不愿意看，别人也一样。记住：短小、鲜活的信息更容易被人接受；如果可以在宣传材料中附上图片，效果会很不错哦。

10.你是否有始有终？只有好的宣传还不够，你还得及时兑现自己的承诺才行。

11.你会经常骚扰收件人吗？你发出宣传材料，不代表对方一定要看，更不代表他需要有所回应。当然，你可以试着联系对方（过几天比较好）看看对方的反应，确定对方收到了你的邮件；但是如果之后对方再无反应，不要强求。优雅地接受拒绝，同时感谢对方愿意抽时间看邮件。

12.你有风度吗？感谢所有支持你的人。因为他们并没有义务帮助你。

保证宣传取得成功的秘诀是：提前经营出强大的人脉。在我经营自己的事业时，我就意识到工作是否到位都要看我和编辑的关系如何。就像与你最亲密的朋友；你不需要自报家门，因为光听你的声音，对方就知道是你。那种温馨和信任对于成功的职场关系至关重要。如果你可以在工作时说“嗨，是我”，这就说明你的关系网经营得非常成功；如果你只能说“嗨，我是阿莉扎”，那说明你还得再接再厉。这一点在哪个行业都适用。你在公司内外的同事、同仁中人缘越好，你的工作开展得就会越顺利。

人际关系之所以对成功如此重要，原因在于，有时候你自己也明白要推广某个想法或产品绝非易事，那么你能怎么办呢？这时，你就得动用人情了；然而，如果你与可以左右最终结果的人没什么交情，那么对方为什么要劳心费力地帮你？！

自拍：你与客户之间的关系是否融洽？

客户，是你与之有业务往来的对象；他可能是公司内、也可能是公司外的人。意即，如果你需要帮助公司内部的销售团队做某事，那么这个销售团队就是你的客户。客户关系是你需要建立和维系的最重要的一种关系。

回答以下的问题：

1.你是否性格随和?

2.找你方便吗?

3.你可靠吗?

4.你可信吗?

5.你愿意帮助客户吗?

6.你对于他们的业务有任何助益吗?

7.你是否无可替代?

8.你欣赏他们的工作吗？表现出来了吗?

如果你需要找三位客户作为以上回答的担保人，你能找到吗？如果可以，那么你对自己的客户关系还算心里有数。归根结底，在职场，懂得做人比懂得做事更加重要。

小贴士：哪怕需要付出一定代价，人们也更愿意与自己欣赏的人打交道。

调转车头到公关行业工作，是一个正确的决定。我看到了在DKNY工作的未来潜力，以及公关可以带给我的机会。即便薪水只比以前在《工作室》时高了一点点，即便我目前仍然做着和以前一样的工作，我也不在乎。我更在乎的是在这里我可以学到什么新的技能。

在DKNY干了两年以后，我意识到自己可以承担更多责任。这时，唐纳卡兰纽约的公关还在同时打理服装和配饰这两块。但是，鉴于我才是天天都能见到配饰编辑的人，所以如果在DKNY之外，我可以同时管理唐纳卡兰纽约[①]的配饰，就可以将宣传价值最大化。所以我向上司提出了一个全新的想法：成立公司第一个配饰公关部，由我管理两个品牌的配饰。公司上下都很支持。就是因为我从来不让本职局限自己的视野，所以我成功地扩大了

① 唐纳卡兰纽约和DKNY都是唐纳·卡兰名下的品牌，前者是一线主牌，而后者则是唐纳·卡兰为女儿打造的二线青春副牌。

自己的职权范围。**小贴士：向上司证明你的潜力——即使没有人给你架梯子，你依然能自己往上爬**。

有了新的责任，我变得更有大局观。一手掌握公司所有配饰的往来，我开始考虑应该选择哪些杂志专门帮我们宣传唐纳卡兰纽约这个品牌，哪些帮忙宣传DKNY。当然，有些杂志对两个牌子都很重要；这就意味着我得说服这些杂志的编辑，他们有必要为我们公司的产品准备双倍的版面。这时候我就得动用我的人脉了。

在任何行业，你的对外形象都在很大程度上决定了你能否取得成功。如果客户不喜欢与你共事，你就无法晋升！个人声誉对你有很大影响，而你供职的公司则会影响你的个人声誉。列在个人简历里的所有公司就像你获得的一枚枚勋章。人们在衡量你的价值时，不会只看你的能力，也会看你曾经工作过的单位。

一个人的名字有时会被其所在的公司掩盖。我称之为“出身效应”。我相信大家都曾经遇见过有人张口闭口都是“我们公司怎么怎么”，公司的响亮名头对他们而言就像一把利器。但是，过于倚重公司的名气为自己贴金，可能会把自己装进去。你总得考虑，假如有朝一日离开那么著名的公司，届时你的名字又算得了什么呢。

当我转行开始做公关，坚定地再一次站到时尚的卖方立场时，我曾对自己发誓，绝对不要成为“出身效应”的牺牲品。毕竟，个人声誉对于你的工作而言，就如同鞋跟之于高跟鞋；如果没有也不是不能忍受，但——真的会很疼啊。

第十章

短信体和其他职场禁忌

好吧，到目前为止，我就像个职场仙女，以鼓励为主，很少大肆批评某种行为。但是，现在，我要开炮了。最近，我亲眼看到或亲耳听闻了好几件真事，很是吓了一跳，我有点儿担心：貌似世界上有些人根本没有做好踏入职场的准备。如果看过这些故事，你发现自己不是故事中那种人，继续保持，顺道也乐呵一下；但是，如果你觉得自己和故事的主人公某方面还挺类似，希望看完以后可以让你今后避开一些麻烦。如果读完以后你感到脸上热辣辣的，很遗憾，我一点儿也不为此感到抱歉。不过我可以推荐波道夫[①]的润肤霜，可以减缓疼痛，效果不错。

---

① 即波道夫·古德曼百货公司，全球著名奢侈品商场，位于纽约第五大道。

幸运的是，我们拥有互联网这个无与伦比的利器，只需指尖轻点，就可以顺利联系到很多人。在我开始工作时，手边只有黄页帮忙。黄页就是我的救命稻草，巨厚无比、长达数千页的名录（想象一下大辞典那种的），里面满满地记录着各种商家的电话号码和地址。信息浩繁、查找麻烦也就罢了，最可怕的是纸张还特别的薄，简直像半透明似的，一不小心就会扯破。当然，想找的信息找不到的概率也非常高。所以，一想到我们现在拥有的各种信息渠道——领英啦、谷歌啦之类的，我就觉得这样还无法建立自己的人脉简直是没有天理了。

我很喜欢社交媒体，热爱与各种类型的人交谈，特别是那些希望进入某个行当、又苦无头绪的人。我当然不是说自己无所不能，只是和一小撮人一样，我也挺乐意给陌生人建议，至于我自己有没有好处都无所谓。所以，看到居然有人自己对着机会甩上门，我就难以理解。有人会在推特上联系我询问是否可以请教我一些问题或者从我这里获得一些职业建议，我总是回答“好”。我把邮箱地址发给他们，甚至有时候还会把电话号码也一并附上。然后你知道结果怎么样？有时候完全没有下文，他们既不发邮件也不打电话给我。我无法理解他们的想法。他们就这样将一个机会抛在一边置之不理？！这种行为和不及时联系一样糟糕。你得意识到自己刚刚获得了一个机会，应该珍惜才行啊。

当机会来敲门，我们总要懂得给它开门吧——哪怕这个机会渺小到只是获准给某人发邮件。如果有机会和你梦想领域的前辈交流，不要轻易放过。哪怕你并不十分清楚自己想要什么，也总可以问对方讨一些建议嘛。结果，有人端到你眼前，你居然还要朝上头吐口水？这太过分了！

不过，和不懂得抓住机会一样不可取的就是——亲手搞砸一切。例如，你正在试着与陌生人建立职业交往，但是给对方发邮件居然用短信体。一天，有个陌生人在推特上联系我想得到些职业建议，我把邮箱地址给了他。下面就是我收到的邮件：

> 嘿，现在方便说话吗？

不是吧？我们不熟好吗！其实，他应该这样撰写邮件：

> 亲爱的阿莉扎：
>
> 谢谢你同意与我交谈。不知你什么时候方便？我想跟你约个时间面谈。

像上面这样以短信体写邮件，将充分暴露你缺乏专业精神的事实。不管你是不是一天二十四小时都挂在网上，但是在真正的职业场合，当你面对的是级别更高的人时，绝对不允许使用俗语、俚语或过于随便的表述。注意，我并不是在说你跟平级的同事发邮件也要遵守这种规定。如果你给我发邮件，结尾处加上

LOL、LMAO[①]或是IRL，我没意见；但是，如果对方是高管、你的销售客户或想与之建立联系的陌生人，这么做就不妥了。与人交往时过于随便，会给人一种完全缺乏尊重的感觉。这一点在面对其他国家的人时更是如此；因为不同国家文化各异，彼此之间最好还是正式一点儿更加合适。你只有一次机会啊，伙计。我说得更具体一点儿：你只有一句话（主题句）的机会让对方决定是否要看你的邮件。

实操指南：正式邮件礼仪

1.注意收件人的身份与级别。据此撰写邮件内容。没有人会因为太具有职业精神而惹上麻烦。

2.群发邮件时——哪怕是以密送的方式——不要列出长长一串收件人。只要一个收件人一时疏忽回复给所有人，那么密送就毫无意义了。除此以外，如果你希望收件人重视这封邮件，那么分别给每个人发送——除非，你要发送的是八卦，因为，八卦的话，他们本人、他们的妈妈都会打开来看的。顺道一提，我以前用过这一招，结果大

① 即laugh my ass off（快要笑死了），网络流行用语。

伙儿都看了我发的邮件；不过，如果你其实根本没有任何八卦要与大家分享，那么效果就要大打折扣了。

3.一定要校对！检查错别字！使用完整的句子和正确的语法，如果你很想给对方留下好印象。

4.及时收发邮件。如果给应聘单位或其他重要人士发邮件，千万不要发完就人间蒸发，四五天都完全不理会邮箱。你得管理自己所有的交流平台。如果大家发现你永远不在线，很快就会对你失去兴趣。

5.不要纠缠对方。但是在没有接到回复时还是需要跟踪一下对方的反馈。

6.在没有确定邮件内容无误之前不要点击“发送”。不然，很可能会不小心将尚未写完，或需要大改的邮件发送出去。

7.反复确认收件人是否无误。我们认识的很多人名字都一样，姓却不同，把邮件发给错误的“小明”也并不鲜见。

8.尽量简短。所有人注意力集中的时间都不长，再加上大家都很忙，没人会想看太长的邮件。

再来看另一个例子。最近有人问我，可否在他的一篇关于时尚的论文作业里提到我。我马上说“当然，发到我邮箱里来吧”。然后，我收到了下面的邮件，你可以想象我当时那种晴天霹雳的感觉吧。

发件人：路人甲

收件人：阿莉扎·里希特

主题：文章

大致说来，为了这篇文章我想问你几个问题。如果你有愿意分享的照片就太棒了。

这位老兄没有使用短信体（谢天谢地），但是这封邮件的结构和内容都不完整，也完全不是专业的写法。

如果是我的话，会这样修改：

发件人：阿莉扎·里希特

收件人：路人甲

主题：采访请求。事由：时尚报告作业

亲爱的阿莉扎：

非常感谢您同意与我交谈。我是××学校的×年级在校大学生，正在完成一份论文作业，题为……。我的专业是大众传播，很荣幸将您作为我论文的主题任务。采访过程非常简单，您只需要回答以下问题即可……

另外，如果您还能提供我可以在论文中使用的照片，或任何您觉得可以对您的回答进行补充的图片，我将非常感激。如果您有任何疑问，请来信告知。如果可能，请在11月12日以前答复。

此致

敬礼!

学生　路人甲

不过，有必要指出一点：在特定场合，邮件写得随意确实可以帮你与别人拉近关系，对结果施加影响。大家都喜欢开些轻松有趣的小玩笑，特别是如果他们的邮箱里常年只有无聊的邮件时更是如此。但是——没错，总会有个“但是”——始终还是要记住收件人是谁；另外，写完邮件以后让同事或朋友一道帮你看看总没什么损失。问问自己：我的口吻是不是太随便了？或者，我级别这么低，说这些是不是不大妥当？等想清楚了以后，再点击发送。

只要你的邮件尽可能写得正式一点儿，就没什么问题了，对不对？职业精神不止只用于邮件和自荐信，也适用于其他场合。另外还有一些防不胜防的技术性纰漏。例如下面这个例子。

尼克应聘某公司的初级职员，安娜是面试官。尼克穿得非常正式，看起来整洁、精干。如果问安娜，她可能会说，尼克看起来更像是要应聘律师事务所的职务，而不是时尚杂志的助理。不过，她挺吃这一套的。

面试过程中，尼克口齿清楚，思维敏捷，回答也很切题。总而言之，安娜觉得他非常好。他们就职位本身交流了一会儿，之后安娜确信尼克就是她要聘用的人。她亲自将尼克送出办公室，送到门口，承诺几天后就会通知他结果。可事实上，安娜已经决定要他了。

安娜回到自己的座位上，打算查看一下尼克的社交媒体；毕竟，个人简历不可能道尽一个人的一切。她想先看看尼克的脸书。结果，对方在脸书上发的照片让安娜结结实实吃了一惊。

安娜很奇怪，这个年头怎么还会有人完全意识不到社交媒体和个人简历一样是给人看的？在过去的年代，你的个人生活在应聘时基本没有影响，但是现在情况早就不同了。**小贴士：个人生活与职业生活之间的界限正在逐渐模糊**。如果想在社交网站上贴出不甚妥当的照片，最好确保你的账号设置了隐藏。

浏览完尼克的社交网站照片之后，安娜的疑惑变成了：我真的要雇佣这么一个人？你可能会不满：她怎么能评价别人的私生活？！读到这里你或许会很愤怒，那么想到你在网上发过的内容，你的上司这会儿可能正在看，会不会让你惊慌失措？这样才对，你是应该慌乱的。如果你身在职场，还把自己的工作单位在个人信息里贴出来了，你所发的帖子都将被视为代表了你单位的观点。

那么，安娜准备雇佣尼克吗？她真的想让尼克成为公司的代言人吗？她最终决定的答案是“不行”，但是她认为自己应该公平一点，跟尼克的推荐人了解一下情况，毕竟尼克在面试时表现非常出众。首先，他在面试过程中非常熟稔地提到了好几个业内的大咖。这一点很好核实。安娜给这些人一一打了电话，询问他们名叫尼克的朋友；按说他们应该对此人非常熟悉。可有趣的是，所有人都表示从没听说过这个名字。其中一位尼克声称是自己推荐人的女士甚至决定亲自打电话给这位尼克，看看对方是否真的曾经为自己工作过。因为，尼克亲口承认曾经“直接”听命于她，两人“抬头不见低头见”。好了，你瞧，结果证明尼克说的那些从未发生过。现在我们知道了，尼克就是个大骗子。安娜认为，哪怕尼克的面试确实精彩，但是这些证据实在不容忽视。

从尼克身上我们可以学到很多。现在整个世界就是这样，所以你得考虑清楚：要么，不要把有问题的内容贴到社交网站上，要么就设置隐藏。就我个人而言，最安全的做法就是干脆不要贴出来。我们都看过多少名人认为某条短信是私下里发发的，结果却闹到人尽皆知。**小贴士：你贴出的所有内容，都有可能会为人所用、对你不利**。关于尼克还有一点也值得注意：不要编造关于自己经历或人脉的谎言，这么做很蠢，也很容易被揭穿。

好的，说了这么多，我心里块垒已去。我知道，如果你能按照之前几章的建议，你就可以搞定面试，最终获得想要的工作。但是别急着为成功而欢呼，还早着呢。要想真正登堂入室，你还得学会避让一个交流上的陷阱。

萧伯纳[①]曾经说过："交流最大的问题就在于，交流本身就是个错觉。"这难道不是事实吗？不过，萧伯纳先生忘了说，有的时候交流可能不是错觉，只是交流的内容有误。

之前有一章我写道，我们需要了解游戏的其他玩家，以及如何与不同类型的人打交道。但是，上司是个完全不同的范畴。没有人可以教你如何对上司说话；像我，全都是靠自己摸索。但是我见过很多人对此完全摸不着头脑，他们会使用错误的措辞和语气，让我每每听到都忍不住觉得有一点点"吃惊"——好吧，我撒谎了，是"吃惊"得体无完肤。

我是个直接的人，所以有时候我可能会对错误的人说错误的话。这种事还不是偶尔发生。不过，怎么办呢，我也只是肉体凡胎。只是在过去几年，我成为经验更加老道的公关人士之后就意识到，所有的讯息，特别是发给上级的讯息，都要讲究策略。要表达自己的观点不是只有一种方式，有些方式更加合适。以下的例子列出了表达同一个讯息的两种不同方式；自然，其中一种是错误的。

不该说："有时间我会做的。"

应该说："您能告诉我哪些需要我优先处理吗？"

不该说："这不在我的工作范围内。"**小贴士：上司都希**

---

① 爱尔兰剧作家，1925年诺贝尔文学奖获得者，其作品富有理想主义和人道主义色彩。

望看到员工对公司的成功满怀热情，在不在你的工作范围内并不重要。

应该说：“我从未做过，但我很乐意。”

不该说：“今天我已经很累了。”（记住：对上司说话，三思而行。）

应该说：（没什么好说的！不要抱怨你已经很累了！）

不该说：“我感觉压力很大，我想我做不来！”**小贴士：永远应当表现得从容不迫！**你可以跟朋友或信得过的同事说你压力很大，但绝不要这么跟上司说。你应该永远让上司觉得你游刃有余。

应该说：“现在我手头还有不少工作，要不我先做完再处理这个行吗？或者，您是否需要我放下手里的项目，先处理这个？”

不该说：“没人能做到！”还没有仔细研究过就轻易地否定一个想法，只会显得你思想偏狭、为人懒惰。世界上不可能的事情并不多。事实上，多数事情都是可以办到的；或许需要更多的努力和投资，但终归是可以解决的。其实，我想说，如果有人说一件事做不到，那通常是因为他们不想做。只有尝试过所有可能的路径，发现都行不通，那时才能宣布这个想法应该放弃。

应该说：“我会看看应该怎么做。”

不该说：“那不是我的问题。”拜托，你的上司既然跟你提出来，明显就是希望问题得到解决。往好的方面来看，他等于是给你出了道附加题。所以，抓住机会，贡献体力也好、脑力也罢，帮他把问题解决掉。

应该说：“没问题，我很乐意试着解决它。”

不该说：“你又没说过让我做这个。”

应该说：“抱歉，我不知道还要做这个。”这样一来，你就不会因为非己之过受到责难了；同时，还避免了说出“你”这个可怕的字眼。**小贴士：绝不要反过来指责上司**。

不该说：“我给他留了口信。”没有人会像查看邮件那样迅速频繁地查看语音留言。不可以留个口信之后几个小时都不去理会，这和什么都不做没什么区别。遇到紧急事件，不要留口信。我本人总是先发邮件，如果没有收到回复就会直接打电话。一般而言，现在早就没有人会等着对方主动回拨电话了——而且，也没人会主动打回来。最后提醒一句，发了邮件，不等于万事大吉。

应该说：“我已经以各种方式通知他了，等会儿我会再去看看他有没有回复。”

不该说：“我不知道。”“我不知道”这句话基本就等同于认输。你至少听起来要更积极主动一些。

应该说：“我马上去查。”当然，这也是在承认你不知道，但是至少你在主动改进。

不该说：“我应该得到晋升。”**或者说：**“我已经在这里工作两年了，我觉得自己理应得到晋升。”（更糟糕）你工作了多久没有任何意义。你得表现出自己的价值，为什么你应该得到晋升。没有人喜欢这种认为一切都理所当然的人。

应该说：“我希望有机会跟您细数这些年来我做出的成绩。我觉得自己已经有了足够的成长，可以承担更多的责任。”

不该说：“某日我要去度假。”不要妄想你有选择度假时间的权利。你得先获得上司的同意，才能预定假期。

应该说：“如果可以，我能否申请放几天假？这样我就可以去预定一次度假。”

不要抱怨：工作中有很多不顺心的事。或许是咖啡机动不动就坏，或者是你的办公隔间太过狭小，但是不要发牢骚，因为抱怨没有任何用处。哪怕咖啡机的修理和每个隔间的大小不归他管，你的上司还是会通过你的一言一行来给你打分。如果你处处表现得像是在这里工作很委屈或是理应得到升职加薪，那么结果可想而知。上司绝对会将你的抱怨视作为你不高兴、想要跳槽的信号。他或许已经开始脑补没了你这个人会怎样。这可不大好哦。还是把那些不满都咽回去吧。

别在大庭广众之下犯蠢：这一点很基本，也值得一再重复：在网上发任何内容之前，先通读一遍公司的有关规定。记住：如果你一定要关注上司或是加他为好友，也千万不要主动；让上司先关注你，或加你为好友。反过来往往会变得很尴尬。如果你们互关了彼此，注意：上下级之间与朋友之间有很微妙的差别。所以，哪怕你们谈论的不是公事，也始终要注意自己的措辞。另外，上司可能会注意你对别人说了什么，他还能看到你晒的图片哦。

别让身体语言暴露你：在职场中绝对不要翻白眼。你可以到操场上翻个够。另外，碎碎念、叹气和傻笑都不合时宜，也很幼稚。注意你在下意识情况下的身体语言。

不要越俎代庖：有时候，上司可能会让你替他得罪人。“你去跟某某说一声，他得交那份报告了，好吧？”如果你和某某不是平级，那么这个命令也没什么；但是如果你们俩是一个级别的，那么不要给某某下这种命令，不然他肯定会对你不满。

应该说：你觉得由你给某某说不大合适，你肯定某某一定希望亲自听领导说。这样也可以让上司知道你很懂得上下有别，不想触任何人的霉头。

以上的对比，你看出区别了吗？只需要改动某些措辞和语气，就能避免在上司面前栽个大跟头。这些都是很典型的例子，但是只要你能分辨出语言之间的差别，你可以将同样的原则运用于跟上司之间的其他交流。这些对所有单位的领导都适用。你不能总是想到什么说什么，得看说话的对象。此外，你的心声，对方一般也不会想听。

你知道我多么希望今后都不再有人犯上述的错误了。每次我看到上面的错误发生都感到很痛心，因为这些与个人天赋和能力无关。但是一旦你犯了这些错误，就意味着即便你原本手握一把好牌，最后也会输掉。这简直是毫无必要的浪费。别让自己还没能参赛就被迫出局！

第三部分

玩转社交媒体：
1+1 大于 3，开拓职场新领域

Rocking Social Media

第十一章

打造DKNY公关女孩儿和五十万粉丝群

我都想不起来生活中没有社交媒体时是什么情景了，不过还是让我们回溯一下好吗？那时还是2009年，《绯闻女孩儿》[①]正播到第三季。作为纽约人，看到这么一部夸张地描述一群富有的高中生充斥着绯闻生活的电视剧，很难不受吸引；很显然，我不是唯一这么想的人。我必须坚持收看直播，不然第二天就会听到有人忍不住剧透，这太让人受不了了。

绯闻女孩儿是全剧不透露姓名的旁白角色，观众只能听到她的声音。她通过短信给自己数量众多的订阅者发送各种八卦，其中自然不乏剧中主人公的八卦。她总在搅风弄雨，人们害怕受到

① 根据塞西莉·冯·齐格萨所创作的系列小说改编拍摄而成的美国青春偶像剧，该剧共分六季，2007年开播，2012年播完。

她的关注。绯闻女孩儿的神秘身份为这部剧裹上了一层迷人的面纱。但是除了这个设置，剧中的各种时尚，特别是服饰，都非常迷人。这也是我喜欢该剧的一个原因：在看剧时我总是特别注意又出现了哪位设计师的作品。剧中的服装师埃里克·达曼与各大设计公司都有直接的合作关系。观众关注各个角色的服饰，所以对于各个品牌而言，这部电视剧也是个获得针对性报道的绝佳渠道——事实上，因为我很欣赏埃里克的眼光，后来我们还开展了合作，他为DKNY设计了一个系列的袜子。

有一天工作时，我们在开固定的公关营销会议。这时，突然有人提出使用社交媒体的想法，具体指的是推特和脸书。我们开始考虑何时、以何种方式启动这种全新的传播渠道。这个话题我肯定是参与不来的，因为我本人并不是非常喜欢脸书；而推特，更是听都没听说过。但是，我一直都很乐于接受新观点。

正当大伙儿畅所欲言时，有个同事突然提出了一个问题：我们要怎样在脸书和推特这两个平台上宣传我们的产品呢？大家很容易就商定，要使用不同的脸书账号分别宣传唐纳卡兰纽约和DKNY这两个牌子。不过，推特就不一样了。这种社交媒体更加倾向于真实的互动和交谈，而不是单方面的展示。**小贴士：社交媒体之所以叫作社交媒体总是有原因的。互动最为关键**。

听着大家你一言我一语地讨论如何在社交媒体上推广我们的品牌，我的脑海中突然就冒出了答案：我们公关部不就是最好的信息管道吗？我们简直占据了揭开唐纳卡兰纽约和DKNY这两个品牌神秘面纱的天然制高点。我们和时尚编辑打交道，制作T台秀，为名流提供着装建议，等等；所有的这一切在外界看来仿佛都自带光环。我确定人人都想获知各种内幕。所以，我建议让公关成为公司在推特上的声音。下面大家很自然地提出以下的问题：那么由谁来担当这个声音呢？就在那一刻，《绯闻女孩儿》突然闪现在我眼前，那个故作神秘的旁白角色设置得多么的精巧！我们为什么不借用这个构想来充当公关这个视角呢？她可以是个完全虚构的形象，讲述着品牌的故事，没人会知道她的真实身份。而且我也喜欢“女孩儿”这个词，感觉比“女人”更酷。“女孩儿”也更加亲和，容易接近。DKNY公关女孩儿，听起来就很带感！**小贴士：亲和力，会让人更愿意与你交谈**。

后来大家决定，由我来担任推特的唯一负责人，因为这样更便于发帖的管理。虽然我们不是唯一一个使用社交媒体进行品牌宣传的公司，但是因为并无前例可循，所以我们一致认为负责这个推特账号的人必须具有高度的责任感。我们都不想看到某个助理把这个推特账号拿去，周末晚上在上面作天作地。这种事不是没有过，我们甚至还听说过有公司的老总在推特上发了些很不合适的内容。另外，身为一名公关主管，我对于应该说什么、不应该说什么也更加有数。**小贴士：在社交媒体上注意什么不该说。你永远不知道自己无意间会冒犯到什么人**。

但是，抛开上述所有原因，我本来也有很多可以分享的内容，比如，明星甲在某次时装秀上很不情愿与名人乙坐在一起，就因为乙是一位真人秀明星，而甲可是正当红的影星（好吧，可以理解）或者，我们的推特粉丝会对名人丙感兴趣？要知道她刚刚做过臀部美容（没错，我说的就是“臀部美容”），还毫不羞涩地当着我的面脱光光就是为了让我看看效果有多么好。是的，我的确有很多可以跟粉丝分享的消息——当然，都是不具名的。

小贴士：匿名才能走得更远。不要为了在社交媒体上赚人眼球而毁了自己的人脉。

为简洁起见，推特用户名是“@DKNY”，而不是“DKNY公关女孩儿”。我们会在账号页面上使用“DKNY公关女孩儿”。我们刻意没有使用@Donna Karan这个用户名，是因为不想误导大众，让人们以为那是唐纳·卡兰的个人推特——虽然我们求之不得；但那样总感觉不真诚，我们还是本能地觉得诚实和公开的态度在社交媒体上比较合适。

所以，DKNY公关女孩儿到底是谁呢？呃，她其实是个纯粹虚构的角色。我们设定好了她的喜欢的事物、讨厌的事物、兴趣爱好、一般的工作安排和经常会去的地方。她住在特里贝克区[①]中心地段，和唐纳·卡兰一样喜欢喝绿茶；同样，与唐纳·卡兰一样，她也是瑜伽爱好者，喜欢酷酷的独立乐队。她绝对不是绯闻女孩儿这样的上东区人，但是有什么关系呢？她就是我们的绯闻女孩儿，就品牌而言，她是最完美的。

---

① 位于美国曼哈 顿下城，运河街以南以及百老汇以西的三角地带。

至于DKNY公关女孩儿的头像，我们的设计师借用了我脸书上的头像，创造出一个特别时尚有范儿的“我”，而我那时候还对此一无所知。**小贴士：你在社交媒体上的个人头像和资料就像你的个人简历。不要留下空白**。等到设计师大功告成，我们的DKNY公关女孩儿就成了一个胸脯往下都是腿（和我的小短腿真是云泥之别）、曲线妖娆的美人——基本上，就是个典型的时尚女性形象。我把这张图上传到@DKNY这个账号，并且填写了以下个人信息：

> 我是你们最好的时尚圈消息来源，将为你们带来唐纳卡兰纽约品牌的各种幕后独家新闻，以及我作为一名现居纽约市的公关女孩儿的日常。

最后一句“我作为一名现居纽约市的公关女孩儿的日常”是我有意加上去的，因为我确实想让关注这个账号的人都能了解DKNY公关女孩儿完整的生活，而不仅仅是工作这个方面。

所以，我已经准备好了。用户名，就绪。名字，就绪。个人信息，就绪。还有什么？对了，还有个小问题：我还不会发推特。我甚至都不知道推特是干吗的。你注意到了吗，我时常需要自学成才。这次也不例外。我认为，要学会如何玩推特，唯一的办法就是上推特。我通过看别人怎么发消息自己学会发消息。有很多基本的规则我需要一一掌握，但是基本上就是要做到行文简洁，表意清晰。这能有多难呢？**小贴士：发推特的过程就是在反复试验中不断改进的过程。注意哪些消息会让人自觉地跟你互动，那些达不到这种效果的就删了吧。**

2009年5月8日，我发出了DKNY公关女孩儿的第一条推特：“时尚达人们，欢迎占沙发[①]！DKNY公关女孩儿驾到……”

这肯定不是我最棒的一条推特，但是一般而言第一次尝试总是很难令人惊艳的。等我发多了就越来越轻松了。让我对发消息大为震惊的是，大家好像一直等在那儿，随时准备回复似的。就好像我是身在一个平行世界。很快我就上瘾了。坦率地说，我开始觉得推特就好像我的另一半。我每天睡觉前最后一个跟它说话，每天醒来第一个打招呼的也是它。

我永远都忘不了我真正的另一半大卫在我刚刚开始使用推特时是如何嘲笑我的。有一天我正在查看帖子，他开玩笑（其实有点咬牙切齿）地说：“哦，又跟你那些虚拟朋友聊天呐？”

“他们才不是虚拟的！”我反驳道：“他们都是真实存在的，我对他们中很多人可了解了。”大卫完全不能理解推特的魅力，不明白为什么我要“浪费”这么多个人时间和他眼中彻头彻尾的陌生人互发消息。不管我多么努力地跟他解释，大卫始终无法理解。当然，这也不怪他。和遍布世界的陌生人聊天并不是件普通的事，不过我跟他说这是我的工作……直到后来

---

① 网络流行用语，通常指在论坛或社交媒体中抢先回帖的行为。

我才意识到没有人让我晚上、下班后、甚至周末还坚持发帖，是我自己欲罢不能。

所以，我一边做着公司全球宣传高级副总裁的正职，一边还在无缝完成着发推特这个任务。推特成为我生活中不可分割的一部分，我喜欢上了它。现在也仍然喜欢。在推特上我能明确地有种身处大家庭的归属感。我喜欢和别人交往，也喜欢与他们分享共同的兴趣，例如一起看《丑闻》，再实时发表评论。你会慢慢感觉自己仿佛坐在一张巨大的沙发上。这是一个秘密世界，懂的人会懂，不懂的人就不会懂，这很难跟“外人”解释。

因为我是个兴之所至的人，所以我喜欢实时发表自己的想法。我从来不事先打腹稿。我觉得即兴发帖更让人舒服。我从来不预先计划好要发什么、什么时候发。每条推特都是自然而然的——那时如此，现在依然。我很幸运，公司上层一直都很信任我的判断，我不需要为发帖事先征得他们的许可。当然，每条推特发完以后他们也会看，但是就因为我享有随时有感随时发帖的自由，所以才可以自然、开放地与人们交谈。

当时，推特相对而言还是个新事物（上面几乎没有什么品牌），我也没有什么经验，根本不知道人们会回复得如此迅速、如此频繁。跟帖的人数量急剧增长。某周我们还只有二百多个关注，下一周就有十万个了。DKNY公关女孩儿为品牌宣传打开了一扇全新的窗户。但我们那时甚至都没意识到。从那时起，这个用户的粉丝数量开始呈几何级数增长。

我发的帖子越多，得到的回复也越多。我当时的发帖量挺大，一天差不多有六十条。感觉真的和与人谈话一样，特别有趣。我喜欢这种即时对话。你可以全天二十四小时，和世界任何一个角落的人交谈。我尝试了不同的帖子，看看粉丝的参与情况有什么不同。比如，是关于我刚刚参与过的一场活动获得的回复多呢，还是关于一双时髦新款鞋获得的回复多？随着时间一周一周过去，我发现帖子与我的个人相关度越高，大家越愿意回复。有条推特我是这么写的：中午吃了万恶的炸薯条，我就是个不懂得拒绝的人，甲编辑也一样。结果跟帖的人特别多，远远超出一条关于最新上市手包的消息。我仔细研究了发帖的节奏和粉丝的反应，试着跟他们聊了一整天。但是，我也不是为了发帖而发帖，都是有感觉才发的。**小贴士：注意不要连续发太多消息，不然粉丝会有审美疲劳的**。

对于所有关注这个账号的人，DKNY公关女孩儿变成了一个朋友，因为他们喜欢她带给他们的360度无死角偷窥的感觉。而且她提供的消息都很新鲜热辣，全是外人无法窥知的内幕，非常吸引人。发推特渐渐成了我在正式工作以外的第二职业，于我而言每一分钟都是享受。

事实上，为一个时尚品牌（在设计师以外）赋予一个社会性人格，以前从来没有过——当然这个设定肯定没有超出公司官网和产品名录的范围，社交媒体的诞生使不可能化为了现实。“社群经理”这个角色也开始兴起。公关人士总是隐身幕后，但是在社交媒体出现以前，公关也都是公司正式声明的发布管道，或者说是公司所有对外言论的守门员。我们总是扮演信使的角色，并不是聚光灯的焦点所在。一旦有记者提出问题，最好确保所有回答都是事先准备过的。即兴发布消息可是绝对禁止的。

但是这个传统已经过时了，人们习惯在社交媒体上全天候地发帖给所有人看。哪怕对我而言，一开始也不是那么容易接受。当我第一次发现有人引用了我发的推特，作为我们公司品牌的观点用在了一篇文章中，震惊得不行，因为我以前从来不认为推特可以代表品牌的正式言论。显然，我错了。

我永远忘不了2011年，有条眼镜蛇从布朗克斯[①]动物园逃跑了。有人别出心裁地为这条离家出走的眼镜蛇建立了一个推特账号："@布鲁克斯动物园的眼镜蛇"，是不是特别贴切？眼镜蛇发出的帖子都非常可乐，几乎在可能的每个字结尾处都加了"嘶"的尾音[②]。我觉得自己的心很可能只有十岁那么大，所以马上被这个创意煞到了，立马扑上去给眼镜蛇回帖。当时没想那么多，直到一个主要的新闻媒体在自己的推特报道中援引了DKNY公关女孩儿的帖子，我才反应过来——啊哦，那个能算是公司的正式声明吗？对一条假想的眼镜蛇说话？糟糕了！反正，你应该懂我的意思了。一条推特消息好像突然就变得不仅仅是一

---

① 纽约市五个行政区之一，其他四个区分别为：曼哈顿区（Manhattan）、皇后区（Queens）、布鲁克林区（Brooklyn）和斯塔滕岛（Staten Island）。

② 原文是给每个单词结尾处加上S字母，以模仿蛇吐信子时发出的嘶嘶声。可以参考《哈利·波特》系列电影中的蛇佬腔。

条消息了，它变成了白纸黑字，记录在案的凭证，这是不以我们的个人意志为转移的。**小贴士：如果你不想看到自己发的推特被登上《纽约时报》的版面，一开始就不要发**。

所以，我的推特生活还在继续，我在社交媒体中也越陷越深。如果我去参加了一个时尚活动，发消息就很容易了，因为DKNY公关女孩儿会像一个真正的记者那样从现场“发回报道”。可是，如果我待在办公室里，也不是没话可说的。我会发点儿时装秀的准备情况，或是某个明星打算如何着装之类的。所有我身边发生的一切，哪怕是日常的工作都是我的素材。比如：

◆刚开了两个小时的会，回来就是一堆的邮件。拜托告诉我我不是一个人。

◆午饭吃比萨。因为今天周五啦，得犒劳自己哦。

◆下午三点脸埋在键盘里。有人要咖啡吗？

看到这样的推特，大家会立即感同身受，因为你写的内容能让人产生共鸣，这样大家自然也就愿意互动了。**小贴士：不是每一条推特都需要放图片或链接；而且越简洁，大家越乐于参与**。

某个周六早上，我带着孩子们在逛超市，当时不知道该说什么。DKNY公关女孩儿会出现在超市吗？她会谈论这么世俗和时尚或公关八竿子都打不着的话题？直觉告诉我不会，所以我发了下面这条消息：

刚上完最棒的高温瑜伽课。饿死了。#健身吐槽#

是不是比以下这条好？

受不了！法韦超市[①]现在排了这么长的队。

大部分时间我都不觉得在推特上无话可说，因为DKNY公关女孩儿的世界在我眼中很剔透。真正让我为难的是如何能表现得真诚，因为我本人并不做高温瑜伽——我这辈子就没有做过瑜伽。我想表现得更真实些，所以这个角色扮演游戏其实让我感觉很别扭。我只好提醒自己：当然感觉不对劲了，因为那本来就不是你嘛。

随着发帖越多，我越发感到扮演DKNY公关女孩儿变得艰难起来。人们会回帖，会问问题，让我在对话中越来越投入。例如，如果我发消息说“喜欢秋天在苏荷区[②]漫步#我爱纽约#”。有人可能会回复“你在哪条街上啊”。我不是不能假装自己在西百老汇大街，可是这样显得很虚假（再说，要是对方正好在西百老汇大街可怎么办）。我开始觉得整个人都精分[③]了，这让我很不舒服。

---

① 著名的食品杂货连锁超市，于20世纪30年代开始营业，2016年5月4日申请破产保护。

② 英文即SoHo（South of Houston Street的缩写）；位于美国纽约市曼哈顿岛的西南端，是世界闻名的艺术区，也是到纽约旅游的必到之处。

③ 即精神分裂。

问题是，大家都不明白（或许也不在乎）DKNY公关女孩儿诞生的初衷是作为一个虚构的人物。也是，他们为什么要明白呢？毕竟每天都有个大活人会回复他们的帖子，回答他们的问题。另外，大家并不傻，他们知道一直都是有人在为“@DKNY”这个用户发帖，因为他们很快就知道我的个性和声音了。我们为推特这个平台设定宏伟战略的走向好像没有完全按照剧本来。

所以，我找到长期以来的上司帕蒂，讨论是不是要做些改动。她很了解我的纠结，以及同时经营两个身份的艰难。所以最后大家决定我干脆就用DKNY公关女孩儿这个身份发自己的生活好了。这样一来，我就不用谎称自己做过某些事了。不过，我不会发些关于老公、孩子之类的个人信息和内容，这样就不会暴露我的真实身份了。

到2011年，我们的推特社群粉丝数已经自然地发展到差不多三十八万了。有很多跟我关系亲密的都知道我就是DKNY公关女孩儿，但是他们把秘密保守得非常严实。每次参加时尚活动才是最要命的。到了这一年，很多品牌都在推特上开设了账号，他们都知道DKNY公关女孩儿也在场。为了不暴露自己，我还得躲到卫生间或是在桌子下面偷偷发消息，还要费尽九牛二虎之力不引起别人的注意。我也得特别小心不提及自己当天的穿着打扮，就怕被人发现。想想我这个时尚公关，偏偏不能显摆自己的时装，简直是讽刺好吗。

推特变成了我的第二重人格。当然，还有其他的平台，例如汤博乐[①]，也特别受各个品牌的青睐。有一天，有个推特好友发来消息问道："DKNY公关女孩儿，你为什么不开通博客？"

我简单地回答道："博客？！我一天工作都做不完，还要上推特呢！"但是这条呼吁赢得了其他粉丝的力挺，突然大家都喊着"让DKNY公关女孩儿开通博客"。吓死我了。开博客？我在公关部还有正式的工作要做，除此以外还要一天二十四小时地发推特。虽然说发推特只是个兼职，但是也是很占用时间的。我不知道要怎么挤出时间写博客，不过想着能多一个空间玩耍，好像也挺不错？能发点儿长帖子的想法让我激动不已。**小贴士：在开通博客之前，明确你的目的和观点，之后坚持不动摇。**

所以我们决定在汤博乐上开通博客，标题句就定为"一百四十个符道不尽"。我对汤博乐上遇见的网友说自己要写长博客时，他们说大家都不喜欢看汤博乐上的长博客，他们喜欢看美图。我当然不会忘了贴很多美图，但还是想利用这个平台写点儿东西。所以，我忽略了他们的意见。我的博客既有与纯粹时尚相关的公关原则，也有我喜欢的名人名言。遇到感兴趣的任何事物我都会写博客。写完博客之后，我会在推特上让大家"都去看看"。我的策略就是在汤博乐上写作，在推特上聊我写的东西。效果不错哦。**小贴士：如果没有其他的**

---

① 轻博客网站。

社交平台将人流吸引到你的博客上去，就坚守住博客这个平台，写些大家都喜欢的东西好了。

随着时间过去，DKNY公关女孩儿在推特和汤博乐上都成了家喻户晓的网络明星。和绯闻女孩儿一样，她也成了一个社会名人，总是能发布些内幕消息，还会对颁奖典礼进行实时报道。她成了国民女友，大家都把她视作熟人。

但是，随着粉丝数量的增加，我们合作的客户和其他人开始越来越好奇DKNY公关女孩儿背后到底是谁。公司销售团队跟一家商场进行合作洽谈的过程中他们会突然停下来说：“DKNY公关女孩儿到底是谁？告诉我们吧。”销售可不敢说。在这个没有秘密的世界，我们居然都能做到守口如瓶，不得不说是个奇迹。有两年时间，这成了时尚界保守得最好的秘密之一。我喜欢作为DKNY公关女孩儿，哪怕是匿名的，但是不被揭破身份真是不容易啊。

第十二章

揭露时尚界最大的推特秘密

有一天，我正坐在办公室里，手机突然响了。电话那头是《时尚》青少年版的编辑，她说起了即将开幕的时尚大学峰会；届时他们会邀请世界各地的大学生与时尚产业最负盛名的设计师对话。他们打算在社交媒体上举行一个专家讨论会，希望DKNY公关女孩儿也能参加。

我向帕蒂报告了此事，想问问她的意见。我说我确实很想参加那个专家讨论会，但是不知道是否妥当。其实此前像《时尚》青少年版这样的请求我也接到过不少，但是从来都没有打动我到让我愿意暴露自己身份的程度。但是这一次不一样。可能是因为届时有学生参与，毕竟我一直都很“好为人师”，或者是因为我不想再继续扮演一个秘密角色了，也可能两个原因兼而有之。

最终我们决定先不管它，帕蒂会跟公司上层谈论一下。

同一周，有个制片商想跟我们做一个时装周的网络系列节目。随着电子时代的到来，各个品牌都在不断找寻新的素材。我们内部进行了一次脑力激荡后一致决定，做成时装周幕后揭秘节目应该会非常吸引人。在推特上关注DKNY公关女孩儿的人都知道从公共的视角看时装周是什么样，但是他们肯定不了解能亲眼从镜头上看到实际的活动是种多么有趣的体验。

我们为那一次的纽约时装周一共做了三期节目：DKNY男装秀、DKNY女装秀，以及唐纳卡兰纽约女装秀；所有三期都是摄影师实时跟拍。作为演员扮演某个角色是一回事，然而，随时都有架摄像机悬在头顶，记录下你的一举一动，就是完全不同的另一种体验了。

我永远都忘不了坐在镜头前为唐纳卡兰纽约女装秀录影的情景。那时我们需要在嘉宾席上加一个写着嘉宾名字/单位的名牌，这时通常意味着我们必须同时挪动好几个嘉宾的名牌（因为一个公司的人总是坐在一起的）。有时候挪完了好几个名牌之后，都会忘记自己本来应该做什么，只好回溯一遍以免出现纰漏。所以，你可以想见，当我们需要进行非常复杂的名牌调整时场面是何等的混乱。制片人会在一旁说："真不错，伙计们，可以再来一遍吗？"你不是在开玩笑吧？怎么可能再来一遍，我们连现在这一遍都没搞完好吗！当时本来任务就很繁重了，说老实话，实时录影真是百上加斤啊。

我们连轴转了四天，虽然有时候的确非常辛苦，也让人丧气，但是有数不清的明星和精彩镜头被抓拍下来了。我们确定手上已经有了足够多的素材，可以剪出二十个时长三到四分钟的网络视频。

节目摄制结束之后又过了几天，我收到制片商发来的第一个视频，是一段剪辑好的“排座位”片段。我迫不及待地打开，结果看完之后却无比心塞。我就像是个刚剪了头发，却只能等头发慢慢长长，以掩饰丑陋发型的人一样，心情别提有多糟糕了。

原本我期待看到的是我们在现场显得多么生机勃勃，结果视频里的我们一个个都无聊得不行。这样的视频我连一个都不想看，更别说二十个了。**小贴士：涉及要放到网络上的内容，如果连你自己都看不下去，别人只会更甚**。

我冲进帕蒂的办公室，给她播放了视频，看她是否跟我的观点一致。然后，我们将视频给团队的每人都发了一份，大家都觉得这个视频很缺乏活力。我们估计其他视频的效果也不必期待了，而且还会浪费一大笔剪辑费用，根本不值得。但问题是，我们已经有了柠檬，要怎么做出好喝的柠檬汁呢？虽然后期制作花费不小，但是把素材就这么扔掉也实在太可惜了。

正当我们激烈讨论如何拯救这些视频时，《时尚》青少年版再度打电话来询问DKNY公关女孩儿能否在时尚大学峰会上发言。我真的要走到台前，揭露自己的真实身份，说我就是这个角色的扮演者吗？感觉在蒙面两年之后突然露脸，好像“水平”一下子就被拉低了。

但是，我们突然有主意了！我们完全可以利用之前拍下来最好的那些镜头制作一个精彩的预告——或者叫作“片花”。然后我们还可以利用视频在推特上宣布DKNY公关女孩儿将出席《时尚》青少年版举办的大学峰会。绝对是一箭双雕啊！

我给制片商打电话，告诉她我们的新构想，并说明必须在周日峰会召开之前把片花剪辑完成。对方说她会在周五上午将视频制作好，也就是说我们可以在周五下午进行内部审核，通过之后周六一大早就发到推特上去。

但是，并不是说制片商发来的视频我们可以拿起来直接就用，还有很多后期工作需要做。首先是旁白，我得进录音棚录制旁白。然后，我还要坐在剪辑旁边明确指示我们想如何剪辑。因为很难说明白为什么有些画面感觉不对头需要剪掉，或者为什么不能从一点到另一点直接剪辑，诸如此类，所以我得保证提出的要求非常清晰准确。

到周五下午，我们制作完的视频已经臻于完美了——考虑到我们手上毛坯的质量。我打算把视频上传到DKNY的

YouTube[①]页面上。不幸的是，平时负责这项工作的人恰好外出了。但是他临走前已经把具体的上传步骤以清晰的图示留给了我。太好了！

周六我一起床就开始紧张、兴奋。我把上传步骤一一摊开，开始下载文件。但是，等等！怎么有四个文件？HD这个，HD那个，名字都不一样。我不知道究竟哪个是最终剪辑版本，于是慌慌张张地给剪辑打了个电话，她告诉我正确的那个。不过，“正确”的那个视频里我分明看到了一个错误；明明我之前说过要改掉的。我又给她打了个电话。现在我真的开始慌张了。因为很巧的是，当天我计划好要跟家人去考察一个日间夏令营，需要出城，还有不到两个小时就得出发了。最后，我终于搞明白到底哪个才是我们要上传的文件了，开始进入下一步：上传文件。**小贴士：任何文件上传之前，都需要最后再检查一遍，确保文件正确再上传。**

“您的文件正在上传，剩余时间：2.53……3.45……2.42小时……”数字一直在变。但是！两三个小时？我又给剪辑打电话。她给我解释，因为视频是高清格式，所以需要很长时间才能传得上去。可我哪里有这个时间啊！我家小朋友都开始抱着我的腿拽我了，生怕去夏令营会迟到。我不停地对大卫说“再等五分钟就好”，就像闹钟上设定的赖床功能一样。

---

① 世界最大的视频网站。

“您的文件上传完毕。”这绝对是我读过的最美妙的文字了。终于传完了！我把全家都塞进车里，开路。路上，我拿出手机，开始登录公司的YouTube页面。屏幕上出现了“缺乏插件”的字样。插件？这又是什么？我更慌了。等到给同事打过电话以后，我才意识到我没有在设定页面上选择“移动设备”这个选项。哦！

我更改了设置，终于看到视频的图标在指定的窗口跳出来。视频已经在那儿了。现在我只需要在推特上发消息就可以了。但是我突然很害怕。粉丝们会是什么反应？会不会因为秘密被暴露而沮丧？我好担心他们不能接受我根本不是芳龄25的单身女青年（听我的声音就知道了），而是已婚人士，并且是两个孩子的妈。我真不想让他们失望。

当我最终鼓足勇气，点击发送时，车子已经到达目的地了。我的手机突然信号全无！！！我刚刚才发出了职业生涯中最重要的一条推特，居然就没有信号了。

接下来的三个小时，我继续跟着大部队参观夏令营，对于眼下推特上发生了什么一无所知。大家喜欢这个视频吗？是不是吃了一惊？他们有没有失望？是不是宁愿不知道DKNY公关女孩儿的真实身份？我的脑子里乱成了一锅粥。我们跟着导游在营地里转悠，我远远地听到他说“这是池塘”。我好容易才忍住，没有尖叫“我不知道这是个池塘吗？！敢不敢走快点儿！！”我得离开这儿，找个能收到信号的地方。

当参观终于结束，我们又回到车上时，我对大卫下令：“开车！”我必须知道推特上怎么样了。等我们开出一段距离之后，手机上的信号终于出现。现在可以看看大家的反应了。这会不会成为我职业生涯中最大的错误呢？看到推特页面一点点加载，我的心都快从胸腔里跳出来了。

我快速地往下拉页面，渐渐放松下来。看回复大家都挺激动。当然他们都很吃惊，不过并不是惊吓。他们宽容地接受了我的真实身份。我感到了惊喜，但是我意识到或许这些粉丝早就知道了。两年来，我们那么亲密，他们彻底了解了我的个性，知道我的思维方式和幽默风格。长相和姓名已经不重要了，因为对于他们来说，我就是真实存在的。我只是一直没有意识到这一点罢了。

从公关的角度来看，“真正的DKNY公关女孩儿”这条新闻登上了全球头条。我想我确实一直没有考虑过这是个多么重大的秘密。人们都不敢相信听起来只是个在大城市打拼的初级公关职员，真实身份居然是唐纳卡兰品牌长期以来的全球宣传高级副总裁——那个“公关女孩儿”竟然是个公关高管。

现在想想，暴露出DKNY公关女孩儿其实是我这件事，好像也并不那么可怕；因为实际上，她就是我，我就是她。是的，我害怕的就是人们可能不希望揭开这个秘密。如果不知道DKNY公关女孩儿是谁，他们可以自由地把她想象成任何样子；可一旦秘密戳穿，这份想象的自由就被剥夺了。大家也很惊讶我居然已经结婚了，还早就当妈妈了。我懂了。但是对很多人来说，这也是个惊喜。大家都喜欢看到有人能够做到家庭事业两不误。

既然我已经暴露了，只好面对事实，我的身份将会和我发的所有帖子挂钩。但是我又必须努力忘掉这一点，因为我不想让它影响到我发帖。后来看到我的名字开始出现在回帖中，我还总会愣上一两秒钟才能反应过来粉丝已经知道我是谁了。坦率地说，躲在一张头像后面的确让我更加游刃有余一些，因为毕竟那不是我的头像嘛，是DKNY公关女孩儿的。但是一旦我的身份暴露，我就必须遵守自己的承诺，即粉丝们看到的所有信息必须是真实的。毕竟，之所以大家喜欢DKNY公关女孩儿，也是因为她总是那么“真实”。**小贴士：坦率与真诚在社交媒体上至关重要。这不是公众的愿望，是公众的要求。**

自从2011年起，从DKNY公关女孩儿这个身份从幕后走到台前，是我职业生涯中最激动人心的体验。由此我得到了在各种会议中代表唐纳卡兰国际的荣誉和自由，我还得以分享过去这么多年我在社交媒体上获得的各种体会。我觉得自己非常幸运，当初能够得到机会，为唐纳卡兰纽约和DKNY这两个我所钟爱的品牌创造了这个代表它们的社会形象。如果没有各方面的支持，DKNY公关女孩儿绝对不可能成功。真诚，使得DKNY公关女孩儿获得了如此大的吸引力。我们的推特粉丝群今天已经达到五十万之巨，完全是自然而然地成长起来的。但是，更重要的一点可能是，DKNY公关女孩儿为其他品牌在社交媒体上变得“人性化”

奠定了良好的基础，这可是个全新的理念。社交媒体一度还是个全新的事物，现在已经成为每个著名品牌宣传自己战略的支柱。DKNY公关女孩儿仍在继续为粉丝报道唐纳卡兰纽约和DKNY的各种内幕消息。而就我个人而言，每一天我都能从推特好友那里获得灵感。

第十三章

做个社交达人

记得过去你买了件衣服激动得打电话跟别人分享时的情景吗？我想我们都应该感谢社交媒体，给我们提供了一个管道，可以把自己穿着新衣服的自拍照、心灵的感悟和精心准备的美食照片晒出来。但是最重要的是，在这个到处都是牛人的时代，社交媒体让我们足不出户就可以与他人结交。

别误会，不管我觉得社交媒体有多么伟大，它还是不可能取代一起坐着喝杯咖啡，或是一次电话聊天，但是它将所有人都组成了一个网络，这点绝对值得我们庆幸。但是，社交媒体适合所有人吗？

对于社交媒体众说纷纭。有人成瘾，有人完全不明白、认为纯粹是浪费时间，也有人认为它能解决所有宣传方面的问题。

现实是：社交媒体已经存在了，也不会消失。而且，它也已经彻底改变了人们、公司和媒体交流的方式。

社交媒体可以帮助我们建立品牌——包括个人品牌与企业品牌——并扩大品牌知名度。你无法否认这个全球联网、“永远不打烊”的平台能量有多么巨大。人们渴望社交，渴望在自己喜欢的平台上投入时间。所以，如果你也想建立自己的人际网络和个人品牌，又怎么可能回避社交媒体呢？

我认识很多高端人士，在社交媒体2009年刚刚出现时还非常抵制这股浪潮。他们对社交媒体不屑一顾，认为自己不需要社交媒体，也不愿意费这个事。而现在，他们却着急不知道该如何尽快地启用自己的社交平台，因为他们已经看到了社交媒体对于建立个人品牌的价值。最近，有个朋友想把一个特别棒的构思写成一本书。他跟出版商说了之后，出版商也很感兴趣。不过，他们问他的第一个问题是：“你打算怎么宣传这本书？”

这个朋友有点儿吃惊，也有点儿烦躁地问：“我？这不是你们的工作吗？”

没错，已经不是了！

社交媒体可以让一个貌似普通的人一夜成名。嗨，你现在正在看的文字，其作者可就是社交媒体的产物。不论人们是否意识到这一点，你在社交媒体上贴出的内容最能够为你自己代言。这是好事。因为你可以有技巧地运用这一点奠定自己的声誉。你在社交媒体上的存在应该是精心打造的另一个自己。当我们发帖时，也在同时告诉别人我们的个人信息，哪怕不是以一种很直接的方式。除此以外，社交媒体还能让你像个经验老到的造型师一样塑造你的个人形象。

当你开始编写内容并发到网上，你的想法都会改变。你开始对自己手中的素材进行编辑，让你的想法以简短、喜闻乐见的形式呈现。这么做会让你变得直接、简洁。你会非常注意自己的感受和想法。例如，“我喜欢这个吗”“哦，那个可真漂亮”这样的思绪在社交达人这里都会被高度放大。

社交媒体上的人都会经常性地对周围环境进行审视。有人可能会说，你们这么忙着抓拍和编辑文本，哪里还能真正地去感受些什么呢？这一点我可不认同。在没有社交媒体的时候，你认为我们会考虑秋天树叶会变成什么颜色，或者在餐厅就餐时会特别留意一道精心烹饪的菜肴吗？我们会注意烛火的摇曳，流云在蓝天的飘动吗？当然不会。不论你对社交媒体有什么意见，它的的确确让身在其中的人用一种高度敏感的方式感受着这个世界。

而且社交媒体还能让你及时、充分地了解观众想知道什么、不想知道什么。你开始了解他们的期望，以及该如何满足这些期望。

我不会说谎，我个人更加青睐社交媒体。这倒不是说我不喜欢博客，或是在Instagram[①]上贴有趣的图片，我确实喜欢。但是

---

① 是款最初运行在ios平台上的移动应用，允许用户在任何环境下以美妙和有趣的方式抓拍下自己的每个瞬间，并将图片彼此分享。

推特的独特之处在于，我可以与世界各地的人实时交流互动。这是个真实的社群。而我也能时时刻刻了解我想要的讯息。我所有的信息都来自于推特，速度比读报快得多，甚至在网上浏览新闻网站都没有这么快。专家们说因为推特上帖子数量太大，发帖速度又太快，导致有些内容会被淹没。这是事实，但是精华的帖子总能被最忠实的粉丝找到，发挥其应有的作用。在推特上发帖并且实时与粉丝互动，绝对是一个品牌可以营造出的最亲密、最世界性的体验。

社交媒体给所有人提供了一个游乐场，大家多多少少都能参与进来。“你好吗”已经被“我觉得”所取代。社交媒体让交际中的等待时间缩短为零。你可以采取主动，这一点非常有力。我很确定把事情挂在心头已经过时了，因为我们满可以选择在哪个社交平台上把心事晒出来。但是，在你开始使用社交媒体之前，有必要知道自己将会面临什么。和其他所有事物一样，参与游戏之前我们都要好好通读游戏规则才行。过去这些年，我深深体会到沉浸在社交媒体中是什么感觉。这是种全天候的投入，是每一天的投入。以下是社交媒体的一些行为须知。记住，鉴于你要参加的是个超大规模的派对，一定要有礼貌，因为这会影响你的个人品牌哦。

实操指南：做个社交达人

1.找到最适合你的社交平台——可以选择不止一个。如果你没有足够的人手同时管理多个平台，那么一开始最好动作小一点儿，更有计划些。没有必要强迫自己，因为你不必哪个平台都上，你的品牌——个人或企业品牌——也一样。从一到两个平台开始，逐渐发展起来。根据你需要呈现的内容制订平台发展策略。例如，如果你不会使用太多视觉资源，可以先跳过Instagram，等以后有需要了再说。

2.如果没有好发的内容，就干脆不要发帖。别人可能会告诉你在社交媒体上要保持存在感；“他们”会说，要定期发帖，最好还要安排个日程。我从来不这么做，这是我的个人习惯；我从来都不会打草稿或是制订发帖计划。我发帖都是因为在那一刻我心有所感。如果觉得有必要一天发五十次，我肯定会这么做。话又说回来，你的帖子质量越高，回帖也必然越多。**小贴士：定期发帖、定期与粉丝保持互动，会促进粉丝数量的增长。久别情疏在这个语境下也是适用的。**

如果百忙之中还要抽空发帖对你来说不可行，那么就制订一个日程好了，这样你可以控制自己的信息。比方说，如果你知道自己每周三晚上肯定有空与粉丝交流，就干脆都选在周三晚上发帖，跟粉丝互动。我不太喜欢发了一个震撼帖马上就跑掉这种事。对我来说，这就好像把蛋糕放进烤炉就离开屋子一样。你得保证蛋糕不会烤煳吧。

3.你知道应该在哪里发帖吗？有时候你有一张特别好的照片；有时候你有张照片，不是特别漂亮，但是与你的某些想法非常契合。一张质量好的照片在哪里效果都会不错，然而，质量不是特别出众的照片可能会最适合放在推特上，因为推特上帖子更新速度非常快。我总是问自己："我还想再看见这张照片吗？"如果答案是否定的，我就只放到推特上；如果答案是肯定的，我会放到汤博乐或Instagram上。那么，你知道这两个平台该选择哪一个吗？很简单。在Instagram上贴图，图片都要事先进行剪切。如果你觉得这样会糟蹋自己的形象，就选择汤博乐好了，在这里照片可以用原始尺寸贴出来。当然，你也可以同时选择这两个平台！脸书适合放具有里程碑意义的精彩瞬间。我不太常在脸书上发帖，但是这只是个人偏好。最根本的一点是，你觉得哪个平台让你感觉最舒服、最高兴，就把帖子发到哪个平台。**小贴士：如果某个平台开始让你感觉到食之无味，就快点儿舍弃了吧**。

4.先听再说。在成长过程中，我们都会被大人教导：想好了再说话。而在社交媒体上，你必须先听——即读帖子。绝对有必要先了解大家都在聊些什么，再加入谈话。例如，你可能会看到一个帖子，并不是直接参与谈话，而是对谈话进行评论。所以最好在开口前先从头到尾了解一下话题、大家都说了些什么，情绪如何，再考虑要不要加入。你也不想贸然插话，却让大家发现你根本就误解了谈话主题吧?

5.你好我好大家好。如果想不到什么原创的内容可以发，你可以帮助别人转达他们的想法。通过转发让别人的声音被更多人听见是非常有风度的行为，这样也能获得非常丰厚的回报，还能有利于粉丝群的扩大。我敢打赌，只要你把某个帖子发个链接，并关注帖子的主人，你的粉丝肯定也会转发。王婆卖瓜，夸得巧妙、低调的话，大家还是会喜欢的。

6.不做机器人。在发生国家或世界危机时，你得管理好自己在社交平台上发的消息。以下是一个典型例子：在本·拉登被击毙的当晚（这可能是有史以来最大的世界新闻了吧），有些时尚杂志在推特上发了“夏季十款最好唇彩”的帖子。这是何等的不食人间烟火啊！如果情况需要，提前计划好什么时候发帖当然可以；但是，完全不考虑当时周围的形势，往往会为你个人或你的品牌招致非常尴尬的结果。没有比不知道现实世界发生了什么更加糟糕的事了。就我个人而言，我觉得提前定好时间发帖与社交媒体的精神相悖。同时，我也不喜欢自动发送的信息。收到“感谢你的关注！你可以同时在脸书上关注我”这条信息时，我差一点儿立即取关对方。

7.拥抱真实的自我。不要在社交媒体上作假，例如明明没有参加某个派对，却告诉粉丝你去了；明明与某个大人物并无往来，对粉丝提起来却好像你们关系莫逆。反正，不是真实的内容，就不要发出来。这种行为很不好。你要拥抱真实的自己。你有自己与众不同之处，只需要弄清楚这个与众不同之处是什么，然后呈现给大家看就可以。你对自己越诚实，你就会越快乐。例如，如果你爱好烹饪，那么可以发些有趣的小贴士，让大家知道你也是个行家里手；如果你比较宅，喜欢窝在家里看电影，你可以做个影评，把对电影的观感贴到你的社交平台上去。你有很多方法可以证明自己的价值，为粉丝提供某些福利，这总是其中最好的一种。在社交媒体上真诚最重要。

8.不要求人关注。在现实生活中，你会求别人跟你交朋友吗？应该不会吧。所以在网上为什么要这样做呢？“求关注”这种帖子更可能让别人对你避之唯恐不及。你的粉丝群如果可以扩大，原因不外乎以下三个：第一，帖子喜闻乐见；第二，与大家互动融洽；第三，主动和别人交流。

9.怎样发起谈话比较合适？你可以问别人一个聪明的问题，或者对对方最近的某项成绩表示赞赏。大家都不愿意错过说“谢谢”的机会，因为这相当于你给了他一个不用吹嘘却可以秀一把的机会。

10.发现商机。鉴于我的工作特性，我时常会使用推特或其他社交媒体的搜索功能，寻找跟时尚业相关的关键词。有一天，我在查找“鞋子”时，碰到有一人想买双黑色的鞋，但又拿不定主意买哪一双。我马上就决定发一个Pinterest图片板[①]给她，我贴了九双不同款式的DKNY鞋子。她特别吃惊，也特别高兴我花时间为她做这些，最后她买了其中的两双。你的粉丝在粉你的同时，也希望从你

① 即Pin（图钉）和Interest（兴趣）的结合，为图片分享平台，被称为图片版推特。用户按照主题发布一组图片集，称为一个“图片板”。

这里有所收获。如果你有些好的建议，或是像这个例子中一样有对于时尚的独特眼光，何妨与粉丝分享呢？对某个话题你说得越多，说得越精辟，就越有机会成为该领域的“行家”。

11.在社交媒体上表现出社交性。毕竟，它叫作社交媒体是有原因的。我相信你在社交媒体上越友善、开放，人们越愿意与你交流，你的社群就能越发壮大。如果你显得很势利，不与粉丝互动，相信我，粉丝绝对会跑到别的地方去。

12.注意风度。不要有品牌相轻的意识。哪怕面对竞争者，也要表现出你对自己很满意、很自信。索尼发布PS[①]4时，微软公开表示祝贺；等到接下来的那周，微软的Xbox发售，索尼也同样友好地发来了贺信。从这种互动中，公众会认为两家公司以及公司的高层彼此实际是朋友。两个品牌在公众眼中的形象都很正面。这个策略对于同行业人员一样适用。让大众看到你们没有争个你死我活也不错，这反而会让你看起来更加强大！

13.内容为王[②]。这是大家喜欢引用的话。它的真正

① 即PlayStation，是索尼旗下的索尼电脑娱乐开发的家用电视游戏机。

② 微软创始人比尔·盖茨1996年撰写的一篇同名文章。

意思是，扩大品牌知名度的途径——不一定是纯粹的打广告——越多，越好。除了在超级碗星期天[①]，大家都讨厌看广告，所以不要在推特里发太多广告或赞助商的内容。**小贴士：可以偶尔发点广告，但更多时候还是要专注于讲好故事**。某个事物背后有什么历史？你的品牌是如何产生的？在品牌建设的过程中发生过什么趣事吗？有很多方式可以增强公众对品牌的好感，想点独家内幕小故事吸引大家的眼球吧。关键是，内容有趣，可以增强品牌的吸引力，而不是强迫推销。

14.予人灵感！人们都喜欢能触动他们心灵的东西。所以，能带给我们动力或鼓舞的名人名言在社交媒体上非常有用。名人名言基本上是一见必转的内容，可以帮你迅速增加关注量。你有很多途径可以在网上搜到名人名言，不过，我觉得最好的是你有感而发的话。任何一条建议都可以成为大家争相转发的名人名言。例如，有一天早上，我正在换衣服，我儿子在另一个房间听动画片《汽车总动员》的插曲《生活就像一条高速公路》[②]。我突然想，生

① 超级碗是美国国家美式足球联盟的年度冠军赛，获胜的一方被称为“世界冠军”。该比赛一般在每年一月最后一个星期天或二月第一个星期天举行，因此这一天也被人们称为“超级碗星期天”。

② 2012年，美国一支乡村风格乐队流氓弗拉德的歌曲。

活不像高速公路，而像T台。所以我把这句话贴到了我的推特里。很多人都回帖说“没错”，或“谢啦，我现在开始整理衣橱了”。这条消息促使人们开始思考他们是否要给自己换个形象。因为，即便生活是把杀猪刀，我们也不用把这一点表现出来吧。

15.不要别人一约战你就应战。在网络上大家会变得比较狂野，可能是因为彼此都看不见对方。但是，不要忘了网络暴民的存在，他们唯一的目的就是制造破坏和低气压，挑拨别人的情绪。你必须使出吃奶的劲儿忽略他们。因为这种仗没人能赢得了。只会让局势愈演愈烈。对立双方队伍不断壮大，事情愈发难以控制。所以，不要掺和进去。根本就不值得，你也不可能取得胜利。从另一方面来说，也不要贴过火的内容引发这种争斗，因为这种事往往沾点火星就会燃烧，接着一发不可收拾。面对政治、宗教和种族话题，千万要慎之又慎——最好就不要参与这种话题。此外，最好不要针对某些名人发负面帖子，特别是拥有狂热粉丝的名人。这些粉丝会非常较真，也会无所不用其极地表现他们对自己偶像的忠诚。

16.以上我已经谈得够多了，接下来谈谈我自己吧。我明白，我们喜欢跟别人分享自己的故事。但是必须掌握一个度。吹嘘不是个好品质，线上线下都是如此。虽然因为某事而兴奋激动想要与人分享是人之常情，但是你得记住，不是每个人都有你的运气和条件。对此要心里有数。谦逊的人总是更加受欢迎。

17.像公关一样思考。有很多事——特别是公事——是不适合公开的，绝对不能放在帖子里。我在此书里已经多次提到，最好先熟悉你单位关于社交媒体的有关规定，因为不同公司对于在公司内部使用社交媒体有不同的政策。你能看出来我对此事非常认真吧？一般而言，就像在拉斯维加斯，在办公室发生的事就得留在办公室里，除非你有义务公布出去。

18.删除键的秘密。是哦，这一点很难。删除键的确是有的，但事实是，在你不得不使用这个键以前，外面已经有些浑蛋对着他们截好的屏叉腰大笑了。说出去的话是删不掉的。**小贴士：假装删除键不存在吧**。

19.只要你建好了，他们就会来[①]。想象你在准备一次晚宴，桌子已经布置好了，菜肴也都端上来了，你才开始考虑该请哪些客人。这就太傻了！你得先邀请客人，然后

① 此处借用了美国影片《梦幻成真》结尾处男主人公的台词“我们建好了，他们就会来”（意思近似于中文中的“栽下梧桐树、引得凤凰来”）。

再开始准备晚宴。在社交媒体上也一样。在有明确需要之前就应该开始建设社群。在你有足够的好东西呈现给别人看之前，就需要开始经营自己的人际网络。反过来是行不通的。

20.找到你的荣誉公关团队。经营你的人际网络时，可以考虑在线下或私下联系你的社交达人朋友并得到他们的支持，请他们帮忙宣传。第三方的口碑是最好的广告，所以，为什么不让别人帮你传递消息呢？而且，一条消息，公众获得的渠道越广，其可信度也就越高。有时候如果有人问我关于DKNY的某个产品，我会先不主动回答对方，而是会将问题在推特上抛出，让粉丝代我回答。从大众那里听到答案，特别是这些人本身并不是该品牌的员工，比我口口声声说自己多么喜欢这款产品（虽然这是事实）可有说服力多了。在个人层面来说，如果你打算获得大家对于某个项目的支持，这条建议也很适用。线下寻求支持，这些忠实的支持者会在线上也帮助你宣传。要知道，大家也并不需要知道真正的活雷锋都是些什么人的……

21.管理你的页面。有必要注意发帖的顺序。例如，连续五次转帖可能会给人留下“你没有自己的东西”这样的印象。我还是觉得原创、转发穿插着会更好些。可以先发点儿自己原创的内容，然后回复一些评论，最后分享别人的内容。你希望让人看到你既会说话，也会很关注一天之中其他内容丰富的讯息。你可以隔一段时间查看自己的推特页面，思考目前的发帖、回帖和转帖的比例对于不认识的人是否合适。如果你发现自己发帖过于频繁，为什么不转而去为别的精华帖“点赞”？一次性发太多帖子看起来确实有点儿像广告，会逼得大家取关的。对于其他更加注重视觉展示的平台，除非是你的专长，不然不要密集性地发同一种类型的帖子。

我永远忘不了《别闯阴阳界》①中的茱莉亚·罗伯茨所扮演的角色；当基弗·萨瑟兰饰演的角色对她说“你骗我”时，她回答道：“我没骗你，我只是没告诉你。”他又说：“隐瞒信息等同于撒谎！”我不知道一部电影里的一句台词为什么让我记住了这么久，要知道看这部电影时我还只有十几岁，但是其中包含的深意让我不由自主地思考。

做了两年DKNY公关女孩儿背后的人，我让世界相信我是个二十几岁居住在纽约的单身姑娘。我从没说过我是二十几岁，也

① 哥伦比亚影业在1990年上映的惊悚片。

从没说过我是单身，但我也从没说过我不是。那么，没有将所有的实情说出来，我是不是也算撒谎了呢？有时候我觉得我是撒谎了。但是偏偏我又没法说更多。时机不对。

在那两年中，我觉得自己就像一名特工。我在推特上提及某些晚宴和派对，其实自己根本没有参加；接着我又在脸书上发我家小朋友参加第一天上学或家庭旅行的照片。我其实喜欢这两重身份，喜欢不必舍弃其中的任何一个。**小贴士：如果你在一个社交平台上拥有多个账号，发帖之前请先确认账号是正确的**。我想那个时候我也不是不可以自己在推特上注册一个@阿莉扎里希特的账号，在那里贴些个人的东西，可我就是深陷于DKNY公关女孩儿这个角色中不能自拔，我觉得人们都能认出我的声音，也能发现这个秘密。

但是在2011年，当我暴露出我就是DKNY公关女孩儿以后，人们开始了解我的个人生活。《纽约时报》上刊登的文章《公关女孩儿被曝为公关高管》中，我所有的小秘密全都被曝光了：丈夫、孩子、老家、曾经住过的地方，等等巨细靡遗。我的生活现在变成了一本打开的书。但是我仍然不认为适合在DKNY公关女孩儿这个账号下谈论我自己，所以我还是让两个世界泾渭分明。

既然已经在DKNY公关女孩儿这个账号下暴露了不少个人信息，我有必要想想@阿莉扎里希特这个账号下我能贴点“什么”。“@阿莉扎里希特”应该作为我的另一面。于是2012年开始启用这个账号之后，我第一次开始有选择地讲述自己的个人生活。人们通过DKNY公关女孩儿已经非常了解我了，但是他们还不知道我作为一个母亲、一个学校家长联席会主席时是什么样子的。我认为让人们看看我生活的另一面很有必要。单身的人很难想象如何平衡家庭和工作，让一切井井有条。我觉得把我自己的故事展示给大家看，可以鼓励大家愿意承担更多的责任，不论是在工作中，还是家庭中。

朋友和同事都关注了我的个人账号，很难记住都有谁看了我的帖子。因为帖子任何人都可以看。一个编辑在看完我的某个构思之后，也可以看看我们俩早上冲出家门时我女儿都跟我说了些什么。

如果你有了社交媒体账号，你的同事可以看到你的个人生活。他们会对你评头论足。我知道有人可能会说“那是我的个人主页”。没错，但是现在这一点已经不重要了。除非你刻意为之，不然网上没有什么是神圣不可侵犯的。社交媒体已经打破了职业与个人世界之间的藩篱。所以我对于自己贴出来的内容都是经过了一番深思熟虑的。我或许会即兴发帖，但是总会先想过再动手。因为我不知道都有什么人会看到我的帖子。

同时，我也不敢大嘴巴，虽然有的时候真的很想。这种情绪的确很奇怪。但是，如果你想要成功，就绝对不能口无遮拦。你的对外形象非常重要。你不可能永远躲在“哦，可这是我的隐私”这个借口后面。**小贴士：如果真是个人隐私，就不要放在网上。**

但是，还可以换个角度看待这一点。如果说工作与生活之间的界限正在变得模糊，为什么不对此加以利用呢？大家都希望事无巨细全都知道，所以，如果你本人在业界表现得活跃，满可以从挖掘幕后故事这个视角跟网友分享你的个人生活，这也是非常有趣的内容。你想，我们都挺喜欢看娱乐频道拍摄的明星私宅揭秘这种节目不是吗？所以，何不试试给网友也奉上这样的自曝内容？当然，需要巧妙地将其与你的职业领域完美地结合。比方说，你从来不谈自己的公事，那么最好别晒出自己乱七八糟的家，因为网友可能会想：哇哦，估计她本人也不像看上去那么有条理吧。**小贴士：不要因为公开个人生活的不雅小秘密而毁了自己的职业形象**。

你如果想跟网友分享自己的个人生活，就选择可以对你的职业生活形成互补的内容。把所有信息都想象成拼图。最终所有的图片都需要组合在一起，形成一幅完整的图像。这个图像就是你，是你的个人品牌。现在，你可能会想：我哪有公众形象？！你错了。你与之打过交道的所有人——家人除外——都是你公众形象的消费者。无论你是坐办公室的职业人士、在学校自愿帮忙的妈妈，还是在单位实习的学生，你的一言一行都构成了你的公众形象。**小贴士：你时刻活在众人的评价之中**。如果你想把自己的信息搬到社交媒体上，就有必要以一种始终如一的方式传递出一个明确的对外信息。

Coveteur[①]是一个时尚网站，可以让公众一窥很多名人的个人时尚世界。这个网站的展现方式分外新颖巧妙：他们从来不使用两个版面的大拉页海报，而是全部选用尺寸很小的缩略图，比如一双鞋子放在一堆书上、一只唇膏放在梳妆镜前，旁边摆着一束鲜花。从来都不是一间屋子的全景。他们选取的都是某个瞬间。该网站拍摄了很多这样精致小巧的图片，组成了个人生活的拼贴画。所以，虽然公众无法窥得生活的全景，但是却仍能从这些小小的瞬间中捕捉这个人的生活影像。我非常喜欢这个手法，也觉得这个手法肯定会特别适合在社交媒体上展现我们的个人生活。选取精巧的小片段，舍弃整体的展示。

社交媒体是个战略性武器，可以帮助你构建个人或者企业品牌。同时，它也是打造人际网络、与全世界的人建立一对多交往的有效途径。社交媒体的数据非常惊人；具体数值我就不说了，估计你也没有兴趣，你只需要知道一点：如果不去参加派对，你永远不会知道派对多么有趣。

① 著名时尚网站。

第十四章

社交媒体损失管控

每次有重大的活动，总会出现变故。生活不仅仅有成功，还有失败。人们并不总喜欢看到完美；因为他们会很难感同身受；他们想看真正的人，而人总是会出糗。我当然不是说你应该以当破坏小能手为荣，不过时不时地可以做点儿什么让你看起来更像一个普通人的事。**小贴士：三大勺成功，加入少许失败**。另外，如果你现在所做的事过程完全对外公开，一旦失败，你别无选择，也只能在众人眼皮子底下接受这个结局。所以，如何让自己优雅地失败呢?

在每个颁奖典礼举行之前，我总会在推特上发帖对明星的着装情况进行详解。我会刻意提到“明星甲”“造型师乙”之类的人物，让大家理解明星穿着礼服走红毯的整个过程需要花费多少心血、汗水和眼泪。事实上，我之所以发推特讲述整个试装过程是因为，如果我们因故失败了，我一定不希望在面对完周末的尴尬之后周一早上还有人追着我问“为什么没人穿你家的礼服？”（好像我们自己不想似的）。他们怎么可能知道我们费了多大劲，到头来却得到这么个结果！我们经过了多少轮的讨论、试装，最后对方却**没有**选择我们！外人当然不知道。说实话，如果名人走红毯试礼服能成为一项竞技运动，我敢说它估计能入选奥运会项目。大多数时候，我们的礼服会伴着明星闪耀红毯；可有时候，事情就无法按我们的心意进行了。

有一年，我非常肯定我们能够成功。我们一早就收到一个明星的确认，说会穿一件唐纳卡兰纽约定制礼服。这本来就是为明星甲量身定做的，她也非常喜欢。能够提前得到明星的确认，让我们一下子轻松了不少，也省了我们的事，不必一直盯着娱乐频道的报道，看看有谁在最后一秒钟才决定穿唐纳卡兰纽约礼服出场。每到这个时候，我都会不由自主地想到“运气”这个词，完全只能依靠运气真是太痛苦了，可这就是现实。明星们有太多可供挑选的礼服了。事实上，直到那次颁奖礼之前我亲眼看见明星甲的衣橱，我还从未如此深刻地体会到“过剩”是种什么感觉。这位明星在参加金球奖之前发了张试装的照片；她居然有六十套备选礼服。从照片中我瞥到了一件唐纳卡兰纽约礼服——大红色、精确裁剪，就在四大排各式礼服的中间。可是想要在这么多劲敌中脱颖而出，看起来几近不可能。

但是这一次就不同了，我们不需要考虑明星甲的其他待选礼服，因为我们已经得到确认了，她选择了我们。呼！真是大松一口气。

一直到奥斯卡颁奖礼举行的周日，明星甲的试装都进行得非常顺利。我和她的造型师关系很好，对方也经常提前告诉我某件礼服是否合适。我一直在DKNY公关女孩儿的账号上播报整个过程，所以粉丝都知道在这次的奥斯卡典礼中我们家的礼服已经得到确认了。这么说吧，如果一名造型师使用“确认”这个字眼儿，就说明她是很认真的。在明星着装这个问题上，“确认”是个很有分量的词，大家不会随随便便地使用。所以，我当时简直欣喜若狂，对明星甲感激不尽。因为，要知道她可是当晚我们的唯一指望了。

周日晚上6点，我在自己的公寓成立了指挥中心，这是每一次颁奖礼举行时我都会做的事。我迫不及待地想看到明星甲身着我家的礼服在红毯上艳压群芳。我的战袍就是平时穿的舒服牌睡衣，我的阵地就是我家的沙发，而且我总是准备好酸奶和两台笔记本电脑，等待战役开始。一台笔记本是我用来撰写媒体通知的，其中会包括对礼服的介绍，以及究竟会由哪位明星穿着这件礼服登场。另一台则是专门为了在推特上实时报道这次盛会，同时关注社交平台上的反馈信息的。

我一般都会提前草拟好媒体通知——只要我一拿到某个明星已经确认好礼服的消息。不过，我从来都不会急着点击发送，因为过早扣动扳机，很有可能反而引发非常尴尬的结果。如果我们在这里大张旗鼓地宣扬某明星会穿我家的品牌，结果当天她穿的却是另一个设计师的作品，那绝对是公关上的一场噩梦。所以，我的手指一直悬在发送键的上方，眼睛死盯着屏幕上娱乐频道的颁奖礼现场报道，只等看到明星甲从红毯的一端出现，我就会点击。

当我高悬着手指的时候，脑子里在激烈地挣扎到底要不要直接点击发送。“她确认了呀。”我对自己说，“干脆就发送了吧。”但是，另一半的我却在紧张。要是出了什么事，明星甲又临时改主意了怎么办？

娱乐频道的红毯秀正在如火如荼地进行，我的眼睛一下都不敢眨，不时在两台电脑的屏幕之间切换。到目前为止，我在推特和其他平台上还没有发过一个字，完全没有提到哪个明星会穿着我家品牌出场，我仅仅暗示了会是个大牌明星。这时我还随时准备着点击发送按键呢，眼睛则迅速地在屏幕上搜寻明星甲的身影。突然，我在人山人海的明星和记者中间看到了她的脑袋。她渐渐走近，我看到她身上并没有我想象中的白金亮片，她穿的是完全不同的另一件礼服。她穿的是别的设计师的作品！！！我简直不敢相信自己的眼睛。她居然没有穿唐纳卡兰？！这是这么回事？！怎么可能？！她确认过了的。但是，这就是事实。我的噩梦成真了。

我愣怔地瞪着屏幕，还是觉得难以置信。我完蛋了。我打从心眼里相信着她，不止如此，这几个星期以来，我还对粉丝大肆宣传她会穿唐纳卡兰走红毯来着。我感到又窘迫、又丧气。所有关注我们推特的粉丝都会知道的。他们知道明星甲试装的情况，也知道在她最终决定穿什么走红毯时唐纳卡兰有很大的赢面。他们之所以知道这些，是因为我一直在推特上发布消息。当明星甲的造型师“确认”（现在，我不得不给这两个字加上引号）之后，我也公布了这条消息。我们在大庭广众之下被打脸了。现在要怎么办？

我坐在沙发上，沉浸在各种负面情绪中。屏幕上闪过一条一条的推特，“嘿@DKNY谁穿着你家的礼服？”我现在还在实时在线报道这次红毯秀，总不能放下推特，滚到我家墙角一个人种蘑菇去。我只能面对现实，我也知道自己必须做出回应。毕竟，就像我一直深知的，坦诚总是最好的应对之策。

我想看看，倘若我承认我们的失败，直接贴出明星甲本来要穿到奥斯卡却最终舍弃的礼服，粉丝会有什么反应。两分钟不到，这件礼服一共收获了2200个回复，大家开始热烈地讨论，如果当初明星甲穿了这件礼服走红毯，会不会效果更好些。我的推友都感觉到了我的低迷。而我因为勇于坦陈我们的失败，向大家展示了这件并没有派上用场的礼服，从而为我们的品牌制造了不小的话题。

当着所有人的面晒出自己的挫败，感觉很奇怪，但也很释然。从这次经历中我体会到，失败也未必一定是件坏事。有时我们完全可能将其转变为一场机遇。

但是我们深知并非所有失败都能化为机遇。还记得那句著名的话“世界上没有所谓失败的新闻”吗？我确定如果你询问今天的任何一位公关人士是否同意这句话，对方肯定会说**绝不**。社交媒体时代的危机管理是一场噩梦。下面我要告诉你一个故事，让你引以为戒。

史蒂夫是一家著名法律事务所的合伙人，他全身上下充斥着精英范儿。但是私底下他会用匿名的推特账号发泄自己的负面情绪；他会对政治、体育或者能想到的任何事物破口大骂。史蒂夫本人比较固执己见，所以他的帖子往往语气强烈、攻击性很强，但是粉丝数量却很少。没人知道这个账号的主人是他，所以没有什么损失。因为是匿名账号，所以他觉得自己可以很安全地畅所欲言。

直到有一天，有条推特坏事了。下面出现了数百条回帖，都不是他原来的粉丝。这个帖子突然热了起来。但是史蒂夫不在意，因为没人会知道帖子是他发的。由于这个帖子，史蒂夫多了数百个新粉丝。他由此突然意识到，原来自己嗓门越大，发言越有争议，粉丝数量就会越多。所以他开始如法炮制，之后渐渐上了瘾。史蒂夫开始对任意一次新闻事件口无遮拦地发表自己的观点，听起来就像是个身经百战、辩才无碍的新闻记者。他的这个匿名账号越来越受欢迎。这成了他的小秘密，也是乐趣所在！

但是有一天下午，史蒂夫收到了一封邮件，是他的一位同事发来的。对方问："那个推特账号是你的吧？"他吃了一惊，呼吸都停了一拍。怎么会有人知道的？史蒂夫开始慌张起来。这个时候他的粉丝已经增加到数千人，可他并不打算公开自己的身份。他决定不去管这封邮件，假装自己没收到过。

流言开始在办公室的茶水间蔓延，但是并没有人当面跟史蒂夫说什么。接着出了一件事。有人向一个八卦网站透露史蒂夫就是那个非常热门、争议颇大的推特账号的所有人。这一点史蒂夫原本不知道，他是后来以一种传统方式（*S）——在网上搜索自己——发现的。他一时半会儿都不能相信自己居然被抓包了。随着这个消息被曝出来，推特上到处有帖子讨论这件事，大家的眼睛都盯住了他。

记者开始刷他的推特页面，把他发的煽动性言论能截屏的都截屏了。史蒂夫马上删掉了自己的这个账号（随便提一句，貌似很多人在面对社交媒体危机时都只能想到这么矬的办法啊），但是已经太晚了，损失已经造成。

见识到社交媒体的威力了吧？社交媒体就像一个恐怖的世界。可以提议《大白鲨》[①]剧组考虑这个主题。现在人们有时会形容某些事物有毒，说的就是这个意思。病毒式的传播并不总是件好事。这家法律事务所绝不能容忍有这么一位具有争议性的高级合伙人，所以让他离开了。一个小小的推特账号，毁掉了他的

① 1975年上映的美国恐怖片，由斯蒂芬·斯皮尔伯格导演。

个人事业。

这个故事只是现实中发生在社交媒体上的诸多的危机案例之一——其他的案例都可以在网上找到；它再一次证明你的个人言行会对你的职业身份产生影响。史蒂夫后来确实发布了道歉声明，但是为时已晚。要知道，哪怕你多么渴望能将心底所想一一道出，你在社交媒体上发布的任何内容其实都不值得以自己的事业作为代价。如果你不打算理会我的警告，就要做好以后收拾烂摊子的准备。

危机管理，特别是社交媒体上的危机管理，非常重要。不要只是关注发布什么内容才能吸引公众眼球和令他们积极参与，还要善于、并时刻准备着进行危机管理；否则，你的个人品牌或你企业的品牌都可能会毁于一旦。

实操指南：妥善处理社交媒体危机

1.深思熟虑之后草拟一份声明。不要仓促行事！确保你已经掌握所有的事实。在不了解一件事的来龙去脉之前不要发表任何评论。在你收集信息时，回帖可能会非常积极，你可以发表声明称“正在了解与此事件相关的所有情况，将尽一切可能澄清事件过程”。一般而言，用一份这样的声明占楼，可以向大众表明你对他们的意见很重视。

2.注意时效。我不知道为什么要这样，估计是因为社交媒体上帖子更新的频率太高。人们都希望无论是声明或是道歉都能尽快发布。所以千万不要拖延。

3.以情动人。道歉需要口吻谦逊。因为，跟其他所有消息一样，道歉信照样会被人评头论足。是否真诚、口气是否充满挑衅、是否真的愿意承担责任，或是把责任推卸给别人。你得考虑很多，最重要的就是，这封道歉信有意义吗？公众会否愿意原谅你，既往不咎吗？

4.不要推卸责任。我知道把所有的委屈咽下去确实很难，但是有时候直接认错结果反而更好。如果你简单地说“对不起”，大家也不好再指责过多。可是如果你说“对不起，但是因为某某事发生了，我也没有别的选择，只好……”，就让人觉得糟心了。大家会认为你之所以道歉是因为运气不好，被逮个正着。这个结果你肯定不想看到吧。

5.道歉需要技巧。大多数危机都是在社交媒体上先曝出来的。所以，如果要发表道歉，就发表在事情被曝的那个社交平台上。你肯定也不想把事情闹到所有平台上人尽皆知吧。当然，如果不管哪个平台上都已经对此事进行报道，那么你的道歉信也只能在所有平台上统一贴出了。

6.事情解决前需要全程盯着。你得在危机彻底解决前二十四小时盯着新闻报道和你的各个社交平台。浏览上面所有的帖子和评论，因为你不能只关注别人对你说了什么，还需要知道他们都是怎么谈论你的。

7.甄别你的发言对象。我发现，人们在推特上攻击性最强，脸书和Instagram上经常贴些恶心评论的人粉丝数量都很少。就像我之前曾说过的，总有些网络暴民唯恐天下不乱。所以，在面对棘手的状况时，注意你在对谁说话。有时候跟有些人不用说话，因为说了也没有用。你只需要浏览对方发过的帖子，很快就能知道对方值不值得你在他身上浪费时间。我在争议发生时最喜欢看的就是粉丝为了一个话题互掐。总有个别粉丝气性特别大，很乐意为你冲锋陷阵。

8.道歉得说到别人心里。我总是认为得先等道歉被真正接受，之后才能继续其他的事情。所以，道歉之后先等几个小时，再发表其他话题的帖子。等你开始恢复到以前定期发帖的模式，你的道歉帖自然会沉下去。这没什么。只是千万不要删除道歉帖！网上社群都不太喜欢删帖，因为容易引起不好的联想。

以上建议也同样适用于企业品牌的危机管理。

9.如果你在脸书上为你的个人或职业品牌设置了“粉丝”页面，那么在进行危机管理时，不要忽略了粉丝的呼声。在社交媒体上，删帖是个禁忌。为了不要触碰这个禁忌，你需要从一开始就为你的社群制定好规则，说明哪些语言是这个社群无法容忍的，这样一旦有人违反了这些规定，你就有权力将他们的帖子删掉了。

10.事先就组建好危机团队，并制订危机任务清单。你组建的这个团队，成员必须知道一旦问题出现，他们就有责任做出应对。这个团队应该包括公关人员、社交媒体达人、法律人士，甚至人力资源领域的人员，因为他们将要负责危机情况下可能出现的各方面问题。每个人都需要掌握其他成员的家庭电话和手机号码。除了公关人员习惯一周七天、每天二十四小时待命，其他行业的人可能不习惯在周末时查看电邮或语音邮箱。如果你也是危机团队的成员，你需要掌控好各种信息渠道，同时不要忽略电邮。大家需要能及时联系到你。另外，社交媒体的管理人员必须做好品牌平台的管控工作。我之前就说过，很多危机都是从社交平台上曝出来的。

11.如何发表道歉很关键。某个公司有一次让自己的总裁在YouTube上发表了一段视频，为之前一段非常不恰当的言论表示道歉。他看起来真心矬。不仅一点儿不上镜，而且所有人一眼就看出来了，他是照着台本在读好吗。所以，如果你必须公开发表道歉，想想看手上有没有什么分量足够，而且善于出镜的人。

你在想宪法规定的言论自由吗？理论上说，我们确实拥有这个权利，但是享受这个权利之后肯定会有后果的。无论你说了什么，你都得保证说的是实话。我们公司在奥斯卡红毯秀惨遭滑铁卢，但我还是认为自己有责任把事实告诉粉丝们。你可能会问“有必要吗”？这么说吧，是我邀请他们踏上这段旅程的；想想看，如果你邀请别人来到你的地盘，你总不可能把人丢下，让他们自己逛是不是？如果你真的这么做了，那么这不叫坦诚；而坦诚是社交媒体得以存在的基石。在史蒂夫的案例中，他压根从来都没有考虑过他的言论会造成什么影响；他发表任何评论从来都不会深思。社交媒体会将个人的声音放大，不管你的粉丝是多是少。这往往会让你觉得自己拥有了权力，然而，权力越大，责任也越大。

第四部分

打造个人品牌，树立职场标签

Creating the Brand of You

第十五章

做自己的公关大师

我永远忘不了还在《工作室》上班的时候，我曾经为拍摄征集过爱马仕铂金包。每次样品送来时都会同时附上库存清单，上面很详尽地列出了我具体借入的物品。但是爱马仕的公关人员甚至更进了一步。在他们出具的清单上还有这样的警示：收到样品时请先验货。我们的样品出借时状态完好。如果该样品归还时出现刮痕或印记，您将承担调换该手袋所需的一切费用。注意哦，装着他们家样品的包装盒里同时还有一双布手套，专门用来取出样品。你是否觉得这不过是只真皮的样品包，爱马仕此举未免太过做作了。是有点儿。但是我会不会买他们的账？绝对会。我们都很吃爱马仕的这一套。我为杂志的拍摄借过很多大牌的手包，从香奈儿到圣・洛朗不一而足，但是从来没有哪个品牌像爱马仕一样要求我们如此对待自家的样品。爱马仕此举在表明他们是如何珍惜自己的样品，所以我们也应以同等的心对待它，不然我们就要付出——高昂的代价。

爱马仕之所以这样珍视自家的包包是否有什么原因呢？当然，他们想让我们都能了解在每一只包包上凝聚的心血。我曾经有幸受邀参加过爱马仕的一次缝纫活动，从中我了解并亲身体验到每一件爱马仕商品的背后隐藏了什么。这绝不简单。其中固然有超人一等的手工艺；但是，单单是手工艺能赋予爱马仕这样的价值吗？或许并不会。然而，这就是爱马仕的做法。他们预设了自家产品在顾客心里的价值，他们成功了。他们有数百年的底蕴，每一个款式的产品也都需要耗费数个小时和精湛的工艺制成，但是归根结底，是他们一手铸就了爱马仕在公众心目中的地位。

借鉴爱马仕的例子，大家也可以打造自己的公众形象，并且对其进行调整。想一想你认识的人，你会如何描述他们？他总是压力很大；他比较懒散；他效率一如既往的惊人；而他则是各种意义上的学霸。我敢肯定，当你在心里想着自己最好的十个朋友时，你绝对可以用一句话就描述出对方的特点。我们本质上都喜欢对别人评头论足，哪怕这只是种下意识的行为。那么，你觉得你的朋友和同事会怎样形容你？这与你希望留给他们的印象一致吗？如果不一致，那就需要做出改变。你得好好自我审视一番，看看自己希望以什么形象示人，以及你期待打造怎样的个人品牌。

个人品牌的确立是一门艺术。下面以一次在某个名流客户家里进行的拍摄为例，让我们看看公关是如何进行现场管理的。公关总是跟在摄影师身边；他们会不时吩咐哪些可以入镜、哪些不可以入镜；他们不断调整拍摄的构思，让拍摄的视角恰恰是他们想要为客户呈现的。这样的策略我们也可以借鉴，我们可以使用同样的方式打造自己的公众形象。你需要做自己的公关人员，同时你也是自己的客户；你，就是需要打造的品牌。

但是，首先我们得了解，究竟什么是品牌。根据美国营销协会的定义，品牌就是“一个名称、表述、设计、符号，或者任何可以将某个销售者的产品或服务与其他销售者的产品与服务区别开来的某种特质”。从很多方面而言，一个品牌就是一种身份。个人品牌的树立是一种艺术，它是设法使我们期望外界对我们的观感，与外界实际对我们的看法，达成统一。

普通人的个人品牌设计还是个全新的理念，对我而言也是如此。在个人品牌成为社交媒体上一个越来越流行的表述之前，我从未考虑过这个问题。更早以前，唯一会考虑个人品牌的都是明星。对于我们其他人而言，我们所拥有的最接近个人品牌的事物，就是个人声誉了。珍惜自己的声誉当然很重要。然而，随着社交媒体的出现，我们能做的更多，甚至还可以人为地设计和放大个人品牌所传递的讯息。其实，这就是公关人员的日常工作，那么为什么我们不能为了自己采取同样的做法呢？

大多数人并不会很自然地把自己视为一个品牌，但是你应该这么做，原因有很多。从很多方面而言，你身边的其他人其实都是你的语言、行为、个人形象的消费者。以上种种就构成了你的个人身份。但是，这个身份与你的期望吻合吗？我深深地以为，每个人都是与众不同的，你的个人品牌则是确保大众了解你与众不同之处的最佳渠道。

为此，你得先从客观的角度好好审视一下自己。忘掉你本身，从远处观察自己；假装你是一名公关经理，要为一位客户——也就是你——提供服务。

无论是为哪个行业的客户确立品牌意识，公关人员的策略都是一样的，他们总会考虑：

1.我最好的产品/最突出的品质是什么？

2.我的卖点是什么（即，媒体和大众最关心的是什么）？

3.我如何才能在我的产品/品牌与其受众之间建立情感上的联系？

4.推广这个品牌/产品的最佳渠道是什么（平面媒体、网上媒体、还是社交媒体）？

设计自己的个人品牌时，你需要先回答以上问题，同时还要考虑下面的问题：

1.你是谁？你所能代表的核心原则有哪些？你可以同时从个人和职业两个角度来考虑。用三到五个词回答这两个问题。如果你写出的词越少，届时焦点也就会越集中。

2.你希望大家一看到你就想到什么？每一个优秀的品牌总能代表某个领域内的卓越。**小贴士：很多人都懂得很多，也做得很多，但是，只有把这一点嚷嚷得人间皆知的那一个才会被人视作为“专家”**。

3.你特有的、为世人所推崇的特质或才能是什么？你是否向别人宣扬过这种特质或才能？

4.见过你之后别人对你印象最深刻的一点是什么？这个问题可以询问你的朋友和同事，以便可以得到最真实的答案。

以上问题无一简单，但是我会教你如何通过这样的自我提问理清思路，得出明确、可以加以利用的结论。

第一步：通过撰写个人简介认识自己。个人简介是你的个人总结，其中包括你的个人生活和职业经历。你能想到的都可以落实到文字上。名人有简介是因为，媒体如果想报道他们，可以采用这个简介帮助读者轻松地了解他们的生活和事业。个人简介可以说是个人品牌的缩略版。

个人简介需要以第三人称书写，这主要是为个人品牌的确立着想，因为如此一来，你可以后退一步，谈论自己时不至于感觉尴尬。所以，当你撰写个人简介时，假装自己是一位记者，正在为《纽约时报》撰写一篇关于你的文章。所有你做过的事，在你的笔下全都应该是“他/她做过”的。这是一种灵魂出窍的体验，可以帮助你更好地理解自己究竟是什么样的人，迄今为止都做过些什么事。当然，小小的自我吹嘘也无伤大雅，把自己所有的重要成就都罗列一遍也可以。但是，不要忘了，新闻记者往往都很有批判性，所以哪怕你的某些品质仅仅算是差强人意，最好还是予以保留，因为你想刻画出的是一个真实的自我，这不只包括你做过什么，还包括你到底是一个怎样的人。你的个性是什么样的？你在人前的举止如何？形象又如何？不要回避，一一列出来。

在个人简介中需要包括：

1.个性/身体特质

2.教育程度

3.职业路径，重要的职业经历和头衔

4.兴趣爱好

5.追求

6.才能，获奖情况，等等

7.婚姻/家庭状况

8.单位，是否从事慈善性事务及其他

以时间顺序撰写个人简介：当前从事的职业在前，之后按由近及远的顺序把你的经历一一呈现。不要巨细靡遗，只陈述最重要的事实，也就是对于成就现在的你有重大影响的经历。个人简介的目的是为了告诉对方你是如何一步一步走到今天的。如果可以在五百个字以内搞定，接下来就可以进行修改。如果觉得已经说无可说，你的个人简介就可以画下句点了。不用觉得可惜，因为你的人生还在继续，不是吗？

一旦个人简介完成，你可以舒舒服服地窝在沙发里，假装自己在阅读别人的故事。你喜欢这个人吗？他的经历会让你印象深刻吗？你觉得这个人有什么需要改变的地方吗？客观一点儿。一定要当成这是个完全的陌生人来看待。

所以，你觉得呢？是不是已经准确地描绘出你自己了？你对自己坦诚吗？如果有人在谷歌上搜索你，你觉得根据他们搜到的结果，他们对你的判断与你的自我评价会一模一样吗？搜索过程中会不会有哪些照片——如果没有文章——帮助他们了解你？他们所了解的你和你的期望相符吗？你觉得自己的故事能够登上《纽约时报》吗？

你得诚实地回答以上问题，这样才能客观地对自己进行评价。你是否要在某个方面多付出一些？是否有某些事你可以节制一下？

第二步：挑出介绍中可以精确概括你自己的关键词，制作你的生活“文字云[①]”。这些词汇将以列表的形式勾勒出你的总体形象，某种特质越突出，字号应当越大；

第三步：为你挑出的所有关键词选出一副图像，制作你的生活情绪板[②]。退后一步看看，你的情绪板看起来如何？你想保留哪些？你想改变哪些？

第四步：继续。既然你的故事肯定尚未结尾，那么你想往哪里继续前进？想象如果这是一篇文章，你希望下一段是怎样的？继续写下去，假装你写出来的都是既定的事实（不过这个部分可以用斜体字表示）：你的所有渴望，你希望达成的成就。修改这个故事，使其完全符合你对一篇足以刊登在《纽约时报》上文章的期望。

听起来工作量很大，得好好自我审视一番是不是？确实如此。但是，等你完成之后，你会对自己有充分的了解。你的文章读起来或许令你不快，你很可能不喜欢读到的内容；不过没关系，星星之火，可以燎原，这可以成为一切积极转变的开始。

就像演员一般都不太喜欢从镜头里看到自己，我们直觉上也不喜欢审视自我。但是，为了做出改变，你必须诚实地面对自

---

① 又被叫作“词云”，此概念由美国西北大学副教授里奇·戈登提出，是针对网络文本中出现频率较高的“关键词”予以视觉上的突出体现，从而形成“关键词云层”或者“关键词渲染”，大量的文本信息将被过滤掉，这样浏览网页的人一眼扫过去，就可以快速了解到文本的主旨。

② 是指对将要设计的产品，设计师会针对想要设计的产品及与相关主题有关的文彩、图片、影像等进行收集，从而引起某些情绪上的反应，并以此作为设计方向及形式的参考。帮助设计师确定其视觉设计上的需求。

己，你是谁？在哪里？想往哪里去？你与周围的人关系如何？他们能认识到你的与众不同之处吗？认识你会让他们获益吗？如果答案是肯定的，这就是你对于周围人的价值所在，也是你值得发扬光大、并广为宣传的特质。

但是，我不得不指出一点：树立个人品牌的目的不是为了出名。事实上，名气是最不重要的一项考量。树立个人品牌，是为了审视自己的形象，并最终对外呈现。树立个人品牌，是为了确认自己的最佳状态，在日常生活中努力实现它，并让所有人都能看到。如果你能够像公关人士那样思考，你会对别人如何看待你发出的讯息高度敏感，并且会根据需要调整这种观感。对个人品牌高度敏感会促使你改善自己在日常社会各个领域内的表现——不论你从事何种职业。

每一天，你都有机会以全新的角度想象自己的理想状态。如果你有足够的胆量睁大双眼正视自我，就能因此脱胎换骨。虽然每个人的理想状态都不一样，但是最起码，你一定会感到快乐，会单纯因为你是你而自豪，我想这就已经值得了。如何打造个人品牌取决于你自己。你准备在其中投入多少努力？又打算花多少心血？我希望是“很多”，因为没有人会为你做这些。你，就是自己最好的公关大师。

第十六章

扮演一个新角色

通读完个人简介之后，你应该对自己有个清楚的认识了，或许也知道你打算塑造一个怎样的个人品牌。人们对你的观感并不完全取决于你的言行，以及你的为人处世。你的对外形象如何？与你的个人品牌是否一致？个人形象是非常强大的资本，在人们尚未目睹你的言行之前就已经在消费你的对外形象了。

你在街上漫步时遇见某个人，是否曾经想过对方“看起来是个人物”？这里并没有具体的所指，例如某个熟人或者名人，而是说这个人浑身都洋溢着一种大人物的气质。可能是因为他的头始终扬起，可能是因为他的衣着非常精美，也可能是因为他走路的姿势看起来非常坚定。当然也可能以上原因统统都有。总而言之，你因为某些缘故注意到了这个人，在这一刻，你对对方的印象就形成了。

自信总是引人注目的。我们的言行举止会影响外界对我们的看法。而这种看法首先来自于他们对我们外表的评判。我知道你或许会感觉有点儿受伤，但是所谓“不要以貌取人”其实完全是胡说八道。所有人在看到一样事物时，哪怕对这样事物根本一无所知，却已经不由自主地开始评价了。你不信？好吧，那么你在买一本书之前会完全不考虑它的封面设计吗？你肯定会的。我们都会，至少一开始总会这样做。

既然这是人的天性，为什么不对这个天性善加利用呢？每个人的对外形象都很重要，而我们完全可以改变这个对外形象。你当前的言行举止并不是无法改变的。事实上，只要我们想，任何事情几乎都可以改变。演员每时每刻都在做这件事。他们会仔细审视自己需要扮演的角色，研究角色的个性、外表、立场；他们清楚为了变成这个角色需要做什么。所以，没道理日常生活中我们就做不到同样的事，对吧？你可以反复重塑自己的对外形象。

冷静沉着、气度斐然的人看起来总是会更有分量一些。这就是现实。如果你走进一间房间时就好像这里就是你的地盘，别人也会这么认为。当然，这不是说你要威吓别人。如同我在前面提到的，自信和自大是两回事；关键是你要以自己为荣，相信自己与众不同——因为这是事实。

你需要问自己的最重要的问题是：我要给见过我的人留下怎样的印象？人类对于其他人往往没有太多的想象力，所以他们会认为眼见为实，看到什么什么就是真的。例如，如果你很羞涩，没人会相信你可以面对一整个房间的高管，做一场精彩的报告。如果你想让别人认为你是怎样的人，你得帮助他们在脑海中形成这样的印象。如果你希望上司让你来做一场报告，你就得让他相信你有这个能力。哪怕其实你骨子里仍然是一个很害羞的人，强迫自己假装勇敢也无妨。

为了塑造某种个人形象，你可以借助很多工具。在很多行业，一套合适的行头都可以帮上大忙。如果你不信，可以想象一下，你想聘用一位律师，对方身着一套足足小了一号、看起来好像几个月没洗过的西装，你会完全撇开这个外形去考虑对方的内在美吗？还是会马上开始质疑对方的资质呢？我打赌你的反应一定是后者。

再来想想你的个人简介。当前你有没有为自己的品牌设计一个相得益彰的对外形象？当前你的形象于你有利，还是无益？或者，你现在真的有所谓的形象吗？的确存在一些行业，衣着基本上没有什么影响力，但是在大部分行业，人靠衣装就是普适的真理。衣冠楚楚就是会显得人更加自信。

建立个人形象的第一步是要让一个形象彻底成为你的象征。选择一种形象，一直坚持，那么外界就会记住它。**小贴士：重复百遍，成为观念**。

以我为例，我的风格就是永远正装。没办法，我就是觉得穿正装才是我，不然就会感到别扭。上大学的时候，一大早我的同学都套着运动服，一副刚从床上爬起来的样子；而我，却一定是从头到脚穿得一丝不苟。穿运动服我连想都没有想过。根据需要穿着裤装、裙装或礼服会影响我的情绪，改变我的心态。我深信着正装可以让我上课时更加集中注意力。十九岁的时候，我心里就有数了，我最擅长的一定是时尚。

现在我的风格也没变。当我穿休闲装——仅限于周末——时，大家都会非常震惊。我的另一个标志就是红色的唇膏。我觉得这都是我妹妹伊拉娜的缘故。伊拉娜才两岁时，就已经有种诡异的执念：如果妈妈不抹鲜艳的唇膏，她就不让妈妈出门。她总会说："妈咪，嘴巴，嘴巴。"所以，等我开始化妆，我也不自觉地更倾向于鲜艳的唇膏了（事实上，如果不抹唇膏，我看上去就像死人一样）。红色唇膏现在已经变成了我的个人标志，如果哪天不抹，我就会感觉很怪异。此外，我也只用红色的指甲油，因为我肤色苍白，有红色指甲衬托看起来更好。一般人们都有自己习惯性的装扮，因为这种标志性装扮往往也是让他们看起来最好，从而感觉最舒服的。

我得承认，我是个很老派的人。从小到大我始终相信，一旦走出去你对自己的感觉必须好。虽然精心打扮一定会很耗时，但是我一点儿都不可惜为此花费的时间，特别是当我遇到不想看见的人时，我更会觉得自己之前花掉的时间物有所值。墨菲定律！如果你以自己为荣，你会留给人很特别的印象，对方会知道你很珍惜自己。就像伟大的戴安娜·弗里兰[①]曾经说过的，“我讨厌自恋，但我赞成虚荣”。

那么，你想打造怎样的个人形象呢？你可以设计一个合适的形象，或者更理想的状况是，你可以根据不同的需要设计形象。有句俗话说得好——盛装打扮只为追寻梦想的职业，而非维持眼下的工作。

名人的造型师每天做的都是“你想要哪种形象”的工作。我非常清楚造型师为自己的客户设计形象经过了怎样的一番精心策划，所以，我可以负责任地告诉你，所有的个人形象都是设计出来的，每一处细节都是反复思量的结果。

一开始得知名人的造型设计究竟是怎么回事时，我震惊不已，完全想不到一个人的外形如此轻易就能够改变：一个品位超烂的名人，给她穿上奥斯卡·德拉伦特[②]长及小腿的大摆连身裙，她居然就摇身一变，成为时尚新星了。

造型可以彻底改变一个人的形象。下面是一个典型的例子：有一天，我与一个造型师正在谈论一次形象策划。整个谈话如下：

“我们要给明星甲彻底换个造型。”杰克说，“我保证，她的公关团队也想让她焕然一新。你知道，她是那种邻家妹妹型。

---

① 20世纪60年代时，《时尚》杂志的主编，一代时尚教主。

② 美国十大设计师之一，1932年生于多米尼加共和国，后加入美国国籍，2014年因癌症去世。

所以，我们不打算再给她穿欧洲设计师的作品了。她应该是邻家的时髦女孩儿。我们想让她保持那种亲和力。”

“行，杰克，”我说，“我会从当季新款里给你找点儿能用得上的。但是你得跟我保证，她只会穿我家的牌子去正经的一线大城市，可不能去什么随随便便的小地方。”

“没问题、没问题。”杰克说。就这样，明星甲的全新形象就诞生了。

以上的这种策划思路可不仅限于名人。好的外表可以彻底改变一个人。虽说衣服并不能成就一个人，但是适宜的穿着绝对可以给人加分。

可以想象你有个造型师，他会为你考虑你该穿什么、形象应该是怎样的。一切就会变得容易了，是吗？没那么简单。哪怕是优秀的造型师，在为某个明星打造出对方想要的形象时也并不总是无懈可击的。

可以参考以前电视上播放过的片段。很快就是金球奖颁奖礼了。作为一个时尚公关，如果你错失了为名人参加金球奖颁奖设计造型的机会，后果会很严重，因为金球奖可是个电影电视大奖，参加的人非常多。不过，造型师之间的竞争也是异常激烈的，这不仅是因为明星总有大把的礼服可供选择，同时也因为很多明星与时尚品牌和造型师结成了合作关系——他们或者是某个时尚品牌或造型师的老朋友，或者本身就是某个品牌代言人。加之，各个品牌都不是面向所有人的；有些名人可能就不适合某个品牌的形象。这基本都要看运气。

有一年，我们推出了一件波尔多红礼服，我打心底认为这件礼服很有希望出现在红毯上。礼服是典礼季的硬通货。然而，那一年的典礼季，这件礼服却成了我们最后的希望。

卡珊德拉是一位著名的名人造型师。当提名一出来，她就来我们办公室查看我们为这个典礼季推出了什么新品。很多造型师都任职于时尚业和好莱坞，其中有好的，也有不太好的。卡珊德拉是个非常细心的人。她对待所有的衣服都充满爱意和感情。可惜，并不是人人都像她一样。我曾经见过有些素质不高的小助理将价值25 000美元的礼服像餐巾纸一般随手团起来，塞进旅行箱里；也曾目睹过还回来的礼服沾上了化妆品和香体液，上面的珠饰都碎了，看起来特别糟心。就连看到缎子衣物被衣架上的夹子夹出印记我都会不舒服，你可以想象我对这种事的洁癖有多么严重了。之所以我会因此而情绪低落，是因为我知道每一件礼服里投入了设计师、打样师和缝纫师巨大的辛勤努力。每一件礼服都是一件艺术品，如果你要和根本不了解这一点的人共事，那简直是折磨。好的造型师都懂得设计的流程，所以也能珍惜设计作品。卡珊德拉就是这样一位造型师。

那个典礼季，卡珊德拉为好几个客户负责造型设计，其中有个年轻、美貌的女演员，我姑且称之为珍妮好了。珍妮参演了那一年的一部大制作影片。虽然她没有获得提名，但是这个角色对她而言也是个突破。我有信心她在红毯上会引来很多关注。此前我从未与珍妮共事过，但是我很喜欢卡珊德拉，与她共事很享受，最重要的是她的客户都很信任她。

卡珊德拉与我们合作，将波尔多红礼服按照珍妮的尺寸修改了（当然，珍妮在金球奖到来之前怎么都得减掉五磅，所以我们直接做小了一号）。

看到礼服的成品，我兴奋坏了，金秋之夜这件礼服一定会大火的。当然，我们也不能将所有的鸡蛋都放到一个篮子里，我们同时也为洛杉矶的另外几个名人提供了礼服，只是都没有获选。在我心底，我是全指望着珍妮这边了。我需要她穿着我们的礼服走红毯。

卡珊德拉很体贴，一直跟我通气，让我了解每一次试装的进展。一般每个人都会试装两到三次，期间还有数次修改。能走过这么多轮很不容易，也让人精神振奋。每一次我都会屏气敛息，不停地走来走去，等着卡珊德拉的电话。我们这次会成功吗？还是说会被刷掉？命运完全掌握在别人的手里。如果幸运地得到一线明星的礼服确认，那肯定是让人最心满意足的时刻了。

你可能以为到金球奖举行的那个周六，礼服肯定已经确定好，放在床上只等正式上身了。其实不然。哪怕是周六当天也还会发生很多变故，大部分明星直到那时都仍会犹豫不决。如果说波尔多红礼服是珍妮的首选，相信我，就在那间屋子里肯定还有一件备选。对于那件备选礼服的设计师而言，最糟心的就是他们根本不会知道自己的作品是备选。“不是你家的，就是另外一件了。”你会收到这样的答复。是哦，50%的概率。要知道，如果我在考试里也是这么个正确率，我的家长肯定会严重惩罚我的。我知道我们家的礼服已经送去洛琳·施华兹（珠宝店）了，这是个很积极的信号。已经开始考虑用什么珠宝来搭配一件礼服，说明对方确实对这件礼服很认真。

珍妮最后一次试装是在周六洛杉矶时间傍晚六点。这次就是很快地再看一遍，并不是严格意义上的试装。卡珊德拉对我们的礼服也很喜欢。她是如此，珍妮也是如此，真是太好了，因为我们的其他礼服都被刷掉了。还有个好消息，珍妮当晚受邀做颁奖嘉宾，这就意味着她还会登上舞台！暴露在镜头下的时间会更长！还会得到更多关注！耶！我们要大发了！

珍妮最后的试装开始时我在吃晚饭。我不停地查看手机，看看有没有卡珊德拉发来的短信。直到纽约时间晚上十一点，什么短信也没有。我知道正常的试装可能耗费数个小时，有时甚至一整天，这完全取决于有多少需要试穿的礼服。但是，这不是正式的试装，只是“让我们最后穿上看看”的试穿。纽约时间凌晨一点，我决定主动给卡珊德拉发信息：

今天1:00 AM

嗨？一切顺利吗？——我

今天1:15 AM

抱歉失联。试装很顺利，明天给你电话。——卡珊德拉

呼！！有好一会儿我都不会呼吸了。凌晨两点我平静地进入了梦乡。

周日早上八点，我像听到起床号一样一骨碌爬起来。有短信吗？没有。语音留言呢？没有。电邮？没有。西岸的前线一片寂静。在金球奖举行的周日当天，除了傻盯着各种电子设备刷屏也干不了别的。说起来我不应该紧张的，珍妮前一晚的试穿“很顺利”。卡珊德拉不是说了嘛。好吧，现在回想起来，她没有用感叹号。她只说“很顺利”，后面是个逗号，逗号可没有感叹号那么欢快。我开始为标点符号或语气中的任何一点点线索而慌乱。一整天我都待在家里，每走进一间屋子都会看看时间。红毯是东部标准时间晚上六点开始，也就是洛杉矶时间下午三点。那也就意味着，最迟上午十一点，所有明星都要开始做头发和化妆（具体要看情况，例如接发或快速染发）。

中午，我本想跟卡珊德拉发个短信问问情况，但是最终还是决定算了。如果出了问题，她肯定会给我打电话的。没有消息就是最好的消息。我确定卡珊德拉这时肯定忙着熨礼服，最后确认珠宝和配饰都拿出来了，以便等珍妮开始换衣服时一切都能就绪。

在洛杉矶，事情就像我猜想的那样。珍妮的团队各种忙碌——经纪人、公关、造型师、发型师、化妆师、美甲师，就连珍妮的姐姐都到了。

下午一点，卡珊德拉发来短信：

今天1:00 PM

开始换衣服了！——卡珊德拉

今天1:02 PM

啊啊啊！好激动！超想看！——我

今天1:28 PM

电话聊。——卡珊德拉

我像被点了穴，死死瞪着手机，就好像"电话聊"在跳动似的。恐慌开始爬上我的心头。等我开始拨号，整个人都慌起来了，心跳开始加速。肯定出状况了。

"卡珊德拉？是我，阿莉扎。"

"阿莉扎，"卡珊德拉的声音很轻地说，"我在卫生间里。对不起，真的很对不起，可是珍妮的姐姐过来帮她换衣服，她跟她说她觉得衣服太漂亮了，但是珍妮没有获得提名，她觉得有点儿过。她跟她说她看起来太张扬了。"

什——么？我的眼泪都涌上来了。一时间说不出话来。我整个人都懵了。

“阿莉扎，能听见我说话吗？对不起我不能说太大声，她们就在隔壁。”卡珊德拉说。

“我听到了，卡珊德拉。我不敢相信就因为她姐姐的一句话她就让这么长时间的所有努力都化为泡影？！”

“我知道，我和你的想法完全一样，阿莉扎，但是我什么也做不了。她主意已定。她很想把这次做好，想让大家尊敬她。我非常非常抱歉。我知道你有多努力，我们都很努力。我会补偿你的。”

“谢谢，卡珊德拉，我得挂了。”我的声音都哽咽了。我挂了电话，整个人都垮了。现在我们全军覆没了。珍妮的姐姐最终做了决定，把她的杰出公关和经纪人都踩在了脚下。那间波尔多红礼服过于厚重，会让她看起来太意气风发，她想等到自己真的被提名之后再表现出这种得意。她的个人品牌尚未准备好打大联盟，她还得从一垒打起，所以她需要的是更加符合“颁奖嘉宾”身份的礼服，而不是“被提名人”的礼服。真不知道这对于珍妮的自尊心来说是多大的打击？我沮丧得无以复加，但是珍妮才是真正的受害者。一个最后一刻才出现的人，一个完全没有受过任何造型训练的人，最终决定了她的形象。

不过，也不是每一个名人都这样。事实上，有些人甚至完全都不用造型师，自己就能打点妥当。但是对于聘用造型师的人，我衷心希望他们能够放手让造型师做好自己的分内之事。我最喜欢对于形象设计具有充分掌控力的造型师，毕竟客户支付给他们报酬就是因为他们知道什么样的形象最适合客户，不是吗?

优秀的造型师会跟客户坦言，确定适合其个人品牌的形象绝非易事，需要不断地尝试才能不断地完善。但重要的是，个人形象原本就可以不断进行调整。有了正确的造型设计方向，你就可以把自己投射到新的角色中去。从朋友或家人那里听取反馈意见没什么不对，但是切记，你需要从始至终对你塑造好的形象感到认同。就好像，如果你不会穿高跟鞋，就不该穿。老实说，女孩子脚踩高跟鞋踉踉跄跄，路都走不稳，那画面实在惨不忍睹。

实操指南：确立并夯实你的个人风格

1.了解你的身体！世界上不存在适合所有人的风格。某些风格总是更适合一些人，而不是另一些人。不要试图说服自己你什么都可以穿，因为现实肯定与你的愿望南辕北辙。

2.从别人那里寻找灵感。搜集你喜欢的风格。把这些风格的图片制作成情绪板，如果最终你选择的女性都是身着定制——正式的上衣和长裤，那么显然你也比较青睐精英、职业风格。尝试找出所有图片中的共同特征。如果让你用一句话总结这些风格，你会说什么？

3.拍照存证。不管你信不信，风格正合适可能只是个瞬间，转身就会遗忘。如果某天你的风格看起来特别有感觉，记录下来，或者最好拿相机拍下来。相信我，你是肯定不会记得的。

4.有策略地归置衣物。如果你本身不是很有条理，请直接转到第5点。如果你是，考虑把所有感觉不错的衣物都挂在一起，会很有帮助的，特别是当你没有像第3点建议中的那样记录或拍照。

5.确认哪些是百搭服饰，全部集中放置。百搭服饰就是怎么穿都不会出错的衣服。例如，不管那个星期去吃什么都能穿的长裤，或是哪怕几个月没干洗都不会起皱的衬衣，等等。知道哪些衣服可以百搭，在你时间紧迫，或是有个重要约会却没有衣服可穿的时候就可以帮你救场了。

6.不要忽视你的职业。突显个人风格的服饰固然会让你惬意，但是也不要忽视了你的工作。你的风格应该与职业相契合。这应该是常识。你总不会希望因为过于彰显个性却损害自己的职业生涯吧。

7.为关键配饰投资。其他不提，你可以购入一些特别能抓人眼球的配饰，像鞋、手提袋、外套，等等。

8.怎么舒服怎么穿。别把衣服穿得像戏服。如果你自己都觉得穿着不舒服，其他人也会看出来的。

9.找到你的标志性服饰。就像上文中提及的，重复百遍，就会成为外界对你的固定观念了。如果你总是佩戴某些配饰，那么在外界看来，这就会成为你的个人象征。对我而言，就是红色唇膏和红色指甲。你可以选择任何服饰，衣服、珠宝、发型，什么都可以。

风格是构成个人品牌的一个要素，很可能也是改变自身形象最简单的一个步骤。你可能会认为风格对于你正在或打算做的事无足轻重，但是我可以向你保证，强烈的个人风格可以让你在其他更重要的领域中显得更加自信。

不过，请记住：无论你如何改变自己的外在，最终起决定作用的仍然是你的内在。你的风格应该能让你每一天都拥有征服全世界的勇气。这就是时尚带给我的感受，它让我充满活力和自信去面对所有挑战。好吧，当然咖啡也不能少。

第十七章

一朝登顶，切勿小人得志

二年级时，我决定以后成为一名教师。我很认真，甚至还找了三个朋友，告诉他们我会当他们的老师，每天给他们布置作业。我还给这个小团体起了个名字：作业俱乐部。很有创意对吧？每一天我都会准备好作业，让我的三个学生带回家完成；第二天我会给他们批改，并用Hello Kitty的便利贴打分。

大家似乎都很重视成为领导，但讽刺的是，做下属和做领导一样重要，因为这二者相辅相成，缺一不可。有的人是天生的领袖，有的人则注定了会成为跟从的一方。在一生中的某些时刻，你会在这两个角色之间转换。但是，一旦你担负起领导的职责，就必须做好。好的领导能鼓舞整个团队的士气，但不会凌驾于他们之上。他会冲锋陷阵，和所有团队成员一样努力奋战；如果有人工作出色，他会不吝夸奖，对任何错误不足，也能提出建设性的意见；他赏罚分明，绝不会强占团队成员的功劳。

自拍：你知道如何领导一个团队吗？

1.你的团队尊敬你吗？如果他们不尊敬你，那么你的当务之急就是要努力赢得他们的尊敬。

2.你善于鼓舞士气吗？你是否有能力调动大家对工作的热情？

3.对于需要做什么，以及你和你的团队应该如何完成各项任务，你是否心中有数？

4.对于工作过程中可能出现的任何状况，你是否事先做好了调研？对于一项工作的顺利完成，必须提前协调好所有成员的时间；不然工作开始以后队员却心有旁骛，那就肯定会误事。

5.各项讯息你是否都清晰地向团队传达了？不要假设大家都知道该做些什么，如果你是整个团队的管理者，就有责任让所有人都洞悉全局，这样他们才能理解你究竟想要达到怎样的结果。

6.你是个称职的管理者吗？不要选择群发邮件的沟通方式。如果你是个团队领导，就必须跟踪每一个成员的进度，让他们不致偏离方向。如果有必要，你可以重点关注个别成员。虽然有些人可能会反感，但是“温和地”提醒对方抓紧时间不要错过时限，确实可以避免出现重大失误。

注意：人们往往将重点关注某些细节等同于事事亲为，这种想法是错误的。如果作为下属，并不希望成为重点关照的对象，你可以直接发邮件给你的领导，告诉他一切都处理好了。我最喜欢看到下属发来的邮件里有“任务完成”这几个字了。

7.记得假设是什么意思吗？所以，在确认所有工作确实都已完成之前，千万不要假设大功告成了。沟通不畅每天都会发生，有时会导致沉痛的代价。

8.你有没有对团员的成绩表示赞赏？一定要对帮助你完成项目的所有人表示感谢。最容易让领导失去人心的一种做法就是，在所有工作都非常顺利地完成以后，你对参与人员却没有任何表示。

帕蒂·科恩自唐纳卡兰纽约成立开始就一直主导宣传策略的制订。她是我的上司和导师。当然，我刚来公司时，还没有那个荣幸直接听命于帕蒂。我是在数年前成为高管之后才开始在她手下工作的。帕蒂以身作则的领导风格在整个时尚业都很出名。她是个偶像，哪怕没有见过她的人都知道她是时尚圈最受爱戴、最真诚的人之一。她从不介意自己的下属大放异彩。她不仅任由我在唐纳卡兰国际一步一步向上攀爬，甚至一直都在尽力推着我不断成长。事实上几乎可以说，帕蒂是我不愿意离开公司的唯一原因。当然，我热爱唐纳卡兰纽约这个品牌，可是帕蒂于我的意义更重要得多。我认为今天我能成为一个领导和导师都是因为她。对她的智慧、支持和慷慨，我永远感激不尽。

当你看到一个强大的人同时无比优雅、对你助益良多时，你不可能不动容。你会不由自主地想：要是所有人都像她一样该多好啊！然而，如果你自己不是这样一个与人为善的人，又怎么能要求别人对你施以善意呢？诚然，即使你不是个好领导，你的团队依然会协助你完成工作。但是，事情可一不可再。你的团队最终会不再愿意为你工作，因为他们绝不会希望看见你成功。一个好汉还要三个帮呢，所以鼓舞士气和影响他人，这可是当领导的必修课。

在遇见帕蒂以前，我就很幸运地有了伊丽莎白这个慷慨的上司，她鼓励我成长。但是你们不知道我离开《工作室》之后，其实还有个后续。我开始写这本书时曾给伊丽莎白打过电话叙旧，重温我在《工作室》的时光。伊丽莎白和我有很多共同的回忆，但是她后来提到了那次我跟希瑟的面试。你坐好了吗？因为，当初我听到伊丽莎白讲述这件事时，结结实实地吃了一大惊。那时希瑟面试我，结果其实并不如我想象得那么好。事实上，等我结束面试离开以后，希瑟就把伊丽莎白叫过去问："你确定你想要那个姑娘？"（伊丽莎白讲到这一段时，我的下巴彻底砸在地板上了。）希瑟继续问："你不觉得她太过强势了吗？你就不怕哪天她骑到你头上去？"我受到严重一击。那时我才二十二岁，而且我向上帝保证我一点儿都不强势——这一点伊丽莎白也很认同，我只是对自己很自信。

当你确信会竭尽全力完成一项工作，你也会有自信。当别人认可你的工作——就像迪恩和《高定》的团队对我那样——你也会有自信。希瑟是另一种人，而且我敢肯定在她一门心思往上爬时，有不少人想着把她往下拽。这只是我的猜想，但我觉得应该很接近事实。因为我那时根本算不上什么名牌旗下的人，她才认为我根本就没有自信的资格。

伊丽莎白跟希瑟解释，她欣赏我的个性和活力，也并不担心我会不会骑到她头上去。时隔这么多年才得知这个真相，我确实很惊讶。我花了好几分钟才冷静下来。所以说，当初我差一点儿就被拒了？幸好我遇见的是伊丽莎白，她对自己有信心，而且她的意见对是否录取我至关重要。总而言之，如果不是伊丽莎白，我在时尚业的事业可能就要戛然而止了。

在此我想说明一点：英雄和英雄有时候会惺惺相惜。我现在已经有权自己招聘新人。可以说有好多次应聘者到我的办公室面试，都会把我的团队吓得要死。他们总是说“他太张扬了”，或是“他太过咄咄逼人”。所有人好像都对那些目标明确、高度自信的人退避三舍。我的看法与这些人不同，因为当年我也是那个被指太过强势的女孩子。如果那时我真的让伊丽莎白害怕了，今天也没有机会跟你讲这个故事。说了这么多，还是有必要再重复一次——自信和自大不是一回事。

我们很有必要支持并且赞赏那些有很强自我的人。周围都是些不如自己的人，或许会让你感到强大，但这是种虚假的强大。你一手扶植起来的团队越强大，你才能成就越多。**小贴士：真正的领袖从来不惧怕自后方靠近他们的人，因为他们一心向前，着眼未来，无暇后顾**。

当领导，必须鞭策与引领双管齐下。一方面你要给团队下达命令，而另一方面你又要融入团队，这两者之间必须达成平衡。我一直觉得，成为领导的关键不只是有领导的才能，更需要有受人爱戴的品德。

自拍：你是个受人爱戴的领导吗？

1.你是否能做到论功行赏？赏罚不均最能挫伤团队的士气。绝对要避免！还有一种令团队不稳定的人，就是那种口口声声说什么都知道，什么都是自己功劳的人。要知道，利益均分，团队才能稳定长久。

2.你是否会表扬自己的团队成员？表扬无须成本，却能让双方都感觉良好。

3.你是否表现出人性化的一面？虽然你是老板，但这不意味着你需要当个机器人。关怀团队的领导才能赢得团队的爱戴。

4.你懂得用人吗？如果你的助理擅长很多事务，那么何必在意他资历尚浅，放手让他承担更多职责不好吗？所有的员工都希望自己的才能得到肯定。如果你让员工看到你认可他，并支持他成长，他一定不会舍得离开。增强团队的凝聚力，从内部提拔成员，这才是优秀团队领导的标志。所有的公司都青睐优秀的团队领导。

5.你是否待人坦诚？如果你不是个坦诚的人，你的团队能看出来，他们对你的信任会开始动摇。开明和坦诚不仅仅是每个团员的期望，更是他们的要求。你不对团队坦诚，团队也不会对你尊敬。

6.你是否还会亲力亲为？让你的团队知道你愿意和他们一起努力，这样团队才有凝聚力。

7.你是否能做到公平？要让团队保持积极性，就要一碗水端平。

8.你能温和地化解内部矛盾吗？

9.你是否乐于接受新想法？

10.你是否以为做个老好人团队就会爱戴你？大错特错。领导还是需要果断坚决。

这么多年来，我一直认为自己有义务指导优秀的应聘者，就像迪恩和伊丽莎白（当然，还有后来出现在我生命中的帕蒂）当初对我做的那样。如果你帮助某人达成对方独自一人不可能达成的成就，这是很了不起的。很多人都意识不到，你帮助的人越多，就越能有广阔的人脉为你所用；等到他日你需要帮助时，自然也会有更多的人来帮助你。**小贴士：种善因得善果，这其实很划算**。

最优秀的领导总是时刻都清楚地知道自己是谁；他们明白自己的弱势所在，会经常对自己的管理方式进行自我评估。他们有很强的合作意识，对改变非常开通。什么样的将军带什么样的兵。所以，在你平步青云时，也不要忘了初心。你的目标不是位于角落的大办公室，而是更好地鼓励别人、调动别人的积极性。如果你在领导一支团队的过程中不断自我完善，你的整个团队也会成就非凡。

第十八章

不要浪费鸡尾酒会的机会

我在《高定》实习了几个月后，迪恩这个超级好上司邀请我跟他一道参加一次时尚活动。这是为庆祝一款新鞋发布的鸡尾酒会。能够受邀参加我感到特别骄傲。虽然我很清楚自己只不过是个小助理而已，哪怕仅仅表现得好像非常自在，也让我觉得很棒。

在活动现场，我手里拿着一杯香槟，和迪恩站在一起。突然，一个女人跑过来说道："迪恩，亲爱的！！！看见你我太高兴了！"她一边用浓重的意大利腔高声道，一边隔空吻了迪恩两下。

迪恩也回了个礼，然后说："莫妮卡，让我给你介绍——"

他还没说完，莫妮卡（后来我才知道她就是今天那款新鞋设计师的妻子）就已经打断他，说：“哦天哪！我们好久没见了！你好吗，亲爱的？见到你我真高兴！”

等等，她在跟我说话？她怎么可能认识我？我只是个无名小卒好吗！一个地位低下的实习生！我开始慌张起来，真怕她脱口而出什么她以为我们双方都认识、但我根本不认识的人名。所以，我觉得还是委婉地纠正她比较好。

“莫妮卡，不好意思，不过或许你把我误以为别的什么人了。你瞧，我是迪恩的实习生。”

好吧，看来她不是很喜欢别人纠正她，所以她气嘟嘟地跑掉了。哪怕我内心再无语，还是马上跟迪恩道歉，我刚刚气到他的朋友，也让他丢脸了。其实，我本来可以将错就错，但是莫妮卡让我在毫无准备之下被吓到了，我很害怕她最后发现我是个骗子。但是迪恩却觉得整件事很可乐，所以——呼！——我第一次露脸的结果还不错。

其实回头再看，我很清楚当时发生了什么。现在，每当要参加什么活动，我总是提前在谷歌上搜索所有可能出席的重量级人物。你不可能在对主人一无所知的情况下就冒冒失失地去赴宴。在宴会上，你最好还要能认出他的左右手。有了互联网，你还不能记住主要人物的面孔和姓名，就太说不过去了。这其实就是公关要做的事，不过我觉得哪个行业其实都同样适用。知识就是力量，但知识同时也意味着提前了解别人，避免引起尴尬。

不过，即使知道了某些重要人物，你还是需要继续努力学习现实中的社交技巧。几年以前，我非常荣幸地参加了在我先生上司家里举办的一次私人鸡尾酒会，主人不是别人，就是克林顿总统。因为宾客数量不多，所以所有人都有幸和总统先生面对面交谈。

众所周知，克林顿总统很有人格魅力，但此前我对此并没有感性的认识，直到与他交谈之后。他的确像大家所说的那样深富魅力，让我们所有人都觉得他对我们本人和我们所说的话真的很有兴趣。我现在可以肯定当时或许转个身他就不认识我们了，但是这不重要，重要的是在当时他让我们每个人都觉得自己很特别。

我记得母亲曾经在我很小的时候跟我说“一定要看着别人的眼睛说话”；但在现实中，仅仅与别人对视还不够。那天晚上回到家里，我开始回忆自己在宴会上与人交谈时的表现。当时我有在认真听对方说话吗？我真的关心对方在说什么吗？即使我确实不关心，我是不是表现出来了？这对我来说是个很有趣的试验，我决定从那天开始，我会向总统先生学习，努力倾听他人说话，让他们感到自己的心声有人在乎。

一名智者曾经说过：“一个对他人漠不关心的人，本身也是殊无乐趣的。”因为所有人都喜欢说话，也希望被倾听，所以在现实生活中懂得倾听的人往往会扮演比较重要的角色。我决心留意人们在鸡尾酒会上都扮演了什么角色，在鸡尾酒会上通常会发生很多简短的交谈，比如偶遇一个许久不见的人，或者结识新朋友，等等。

每次我参加宴会时都会做这个鸡尾酒会小试验。结果发现，每一次情况都惊人地相似。我会以问好开始一段谈话，然后对方会很自然地回答，然后他会不停地说、不停地说，说自己的工作以及最近取得的成就，等等。我会站在那里想，这位可真是投入啊，我简直都不用开口了。

等到过了几分钟，对方会反应过来，好像在暗道“糟糕，我还没问他的近况呢”。接下来，他会说：“说了太多关于我的事！你怎么样？”

这就是给我的暗号。“挺好的，一切都一如往常，都挺好。”我会这么说。然后，他会问一个挺具体的问题，等我准备开始回答时，他会打断我，把话题重新又拉回到他自己身上去。真是非常有意思。这样一来，我就明白了对方是真的对我和我想说什么一星半点儿的兴趣都没有。（必须指出的一点是，虽然我在这里使用的是“他”，可是在类似的情况下，对方是女性的可能性也一样大。）

我很想说像上文中的那位先生只是个别现象，可惜事实并非如此。我不断重复这个试验，总是扮演默不作声、听对方说话的那个角色。这既让我有点儿心酸，又让我好奇。从好的方面来看，这或许让我成为最想与之交谈的对象。嘿，既然克林顿总统都能这么做……

自拍：如何进行你的鸡尾酒会小试验？

有一项人人都需要学习的重要技能，就是如何与人打交道。然而，进一步说，你需要学习和适应如何单枪匹马地与人打交道。

以下是一个试验。你受客户邀请参加一个鸡尾酒会。你没有可以同去的人，除了邀请你的客户在酒会上什么人都不认识，但是客户到时候肯定会忙着和其他客人交谈。所以，你会去吗？你能孤身赴宴，并让自己乐在其中吗？很多人宁可死都不会单身赴宴。他们无法理解一个人参加宴会有什么意思。你得了解自己的价值所在，并能够参与谈话。最好的测试办法就是参加非本行业的活动。那样的话，哪怕你一个人也不认识，你的压力也会比较小，你就可以开展自己的鸡尾酒会小试验了。

在这种情景下取得成功的关键在于，永远不要忘了大家喜欢谈论自己，所以开启对话——特别是和一个陌生人——最好的办法莫过于问对方问题，或者直接恭维对方。如果，你事先知道会在这个场合遇见某人，为什么不提前准备些话题呢？你可以恭维对方最近做的事，例如某个项目或取得的某项成绩。另外，你也可以采用“我们是一根线上的蚂蚱”这个策略，谈论你们在当时都在经历的某些事（比如，如果你们所在的酒吧人特别多，或者吧台那里的队伍排得老长）。关键就是找到共同点，让你们可以顺利地拉近彼此之间的距离。

当然，方式也很重要。你要淡定，听起来自然；把自己和对方当成完全平等的两个个体——哪怕事实上你们俩并不平等；这会让你有足够的信心和对方顺利地交谈。

实操指南：鸡尾酒会谈话小技巧

1.当一名人物百事通。了解宴会的主人是谁。这样不但可以避免可能出现的尴尬，还能让你看起来一切尽在掌握中。如果你参加的宴会与工作相关，但是你并不认识主人，上网搜索他，了解他的长相、职务，并且了解他最近取得的成就。

2.从山顶洞里走出来。如果你知道接下来要跟人打交道，提前浏览当天的新闻，不光是行业内部的新动向，世界各地发生的大小事都多少知道点儿。如果一群人在一起聊天，其他人都在聊某件大事，只有你在一旁当鹌鹑，因为你根本不知道发生了什么，这就太说不过去了。浏览新闻总不会没用，因为再不济你也可以给别人普及一下新八卦，还可以显得你见识广博。

3.有来有往。谈话最理想的状况是双方有来有往。你说话，对方听；然后对方说话，你听。如果你觉得自己已经说了太多，不要吝于把话题递给对方。问些问题，表明你确实关心对方所说的话。如果对方只顾自己说，完全不把话题递回来，想想克林顿总统，欣然当自己是宴会上最懂得倾听的人，也是所有人眼中与之聊天最愉快的人。这可是个万试万灵的魔法。

4.不时地歇一会儿。在宴会上走来走去完全不与任何人交谈，参加宴会还有什么意义呢？你可以去卫生间待一小会儿，振作一下精神，再回到宴会现场。手机是个很好用的工具，但是别忘了，如果你一直在打电话，没有人会主动上前和你交谈的。既然已经来了，就不要显得太不合群。

5.夯实新人脉。如果在宴会上结识了某个人，问对方要一张名片。你暂时想不到这个新人脉可以为你带来什么，或者你什么时候用得上。但是，次日趁着对方还记得你，必须给对方发邮件。邮件尽量简短，如下：

约翰：

很高兴昨晚与你交谈！下面是我的联系方式，你或许用得上。

阿莉扎

（你的邮件需要包含自动签名、全名、职务和公司名称，等等）

如果谈话对象级别高于你，正式一些会更好：

亲爱的约翰：

昨晚与你交谈很愉快。我很高兴我们说到……祝你接下去的一周都顺利！

祝好！

阿莉扎·里希特

（你的邮件需要包含自动签名、全名、职务和公司名称，等等）

还有些注意事项：

1.正式邮件应当以“亲爱的”开头。

2.提醒对方你们的具体谈话内容，可以帮助对方想起你是谁。

3.对方级别比你高，你还认为对方会需要你的联系方式，这就有点儿冒昧了，所以不必提及。

4.注意感叹号的使用。感叹号会让你的口吻看起来更加热情，也更随便。如果你想表现得更专业，省着点儿用吧。

如果你是与同事一道参加聚会，就像全公司内部的聚会，显然就没有必要第二天给对方发邮件了，但是还是应该使用鸡尾酒会小技巧。

有一点得说清楚：受邀参加与工作相关的聚会，不代表你就可以猛灌四杯鸡尾酒，变成个十足的白痴。相反，如果你属于以下两种情况：酒量太浅，或是一喝酒就管不住嘴巴，你就应该滴酒不沾。工作型宴会是建立和拓展人脉的场合。我可以向你保证，哪怕已经是工作经年的老鸟，有谁在公司的圣诞宴会上完全不懂得结交人脉那就是纯粹在浪费时间，他们的言行都会被人看在眼里，很难忘却。

所以，你打算和别人说点儿什么？言行举止又该如何呢？

1.不要谈论与工作相关的话题。大家都试着忘掉日常的琐事，所以千万不要扫兴。

2.不要掺和办公室八卦。如果大家都背着某个同事攻讦他，你不要参与进去。最好找个借口走开，比如问他们要喝点儿什么。

3.不要想着和上司亲近。所有人对职场的上下级别都感到很别扭。如果一切自然而然地发生无所谓，否则还是和你的同事待在一起比较好。

修炼这些技能可以极大地帮助你在职场游戏中升级，但是在公司以外维持已有的人脉也同样重要。坦白地讲，只认识一种人是很无聊的。我认识时尚圈的某些人，他们几乎只跟圈内人交往；我认识的很多金融业的人也一样，只与同业往来。这样很不利于培养自己的多面能力，人脉也很难拓展。如果你交往的对象和你的知识范围几乎完全重合，你又能从对方身上学到什么呢？我就很喜欢和时尚圈以外的公关人士打交道。虽然遵循的总体原则并无差别，但他们看待公关的视角与我完全不一样。

扩大自己的交际圈，不管你参加商业活动、社会聚会还是单纯娱乐性运动，都可以让你有机会实现“交叉传粉”，这样你不仅可以获得更多可供使用的资源，更可以化身为人际枢纽。事实上，如果能够成为别人有需要时第一个联络或在寻找敲门砖时首先会想到的人，这对于你确立自己的地位，最终树立个人品牌都将会有很大的助益。

无论你选择在什么场合、以何种方式扩大人脉，记住一点：最成功的人往往为人慷慨，从不介意为别人引荐，哪怕自己并不能从中获得什么实质性的收益。成为超级人脉王会助你在职场结下不少善果，最终能让你消息灵通、无所不知。

不过，在你开始打造自己的人际网络之前，首先要确定你的个人品牌是什么。你的人际网络不仅仅是为了工作而建立，更是为了你自己。人际网络让你有机会利用并推广自己的个人品牌，同时还可以了解别人的个人品牌。这种信息交流将带来双赢的局面。**小贴士：如果你不知道自己想要实现什么目的，那么无论身在什么场合，你都不可能让自己的收获最大化**。你建立的每一段关系都像楼梯上的一级级台阶，现有的人脉带来新的人脉，就像从当前的台阶跨上更高一级台阶。如果这些台阶无限制地往上增加，你都想象不到自己最后会站到怎样的高处。

第十九章

像专业人士一样演讲

虽然我做了个试验，研究如何在宴会上成为优秀的倾听者，但是我本人其实很喜欢演讲。2013年5月，我受邀在纽约市举行的首次TEDx[①]时代广场大会上做主旨发言。TED大会的宗旨是传播“有价值的理念”。我受邀以“真实的力量”为题做一次泛话题发言，十二分钟之内——整整十二分钟，一分不多，一分不少——需要涵盖诸多领域。TED特别演讲的方式要求很严格，绝对不许带稿。我恰好对在台上发言很适应，而且也不喜欢读稿。但是在TED发言最可怕的一点是绝不容有失。每个人分配到的时

---

① 即Technology（科技），Entertainment（娱乐），Design（设计）的首字母缩写；诞生于1984年，美国一家私有非营利机构，以其组织的TED大会而著称。TED大会每年都聚集众多科学、设计、文学、音乐、艺术等领域的杰出人物，由他们为大家分享一些关于技术、社会、人生的思考和探索。

间都是有限的，而且控制得很严苛。如果说话过程中忘了某一点，就倒霉了。在某一个话题上滞留过久，最终可能只是被迫放弃另外一个话题。为了做好这个演讲，你必须对着镜子或是朋友练习一遍又一遍。谢天谢地，最后我的发言进行得很不错，对此我非常高兴。

你可能会认为我天生就会做演讲对不对？如果不是我自己，我也肯定这么以为了。但是，你想错了哦。

让我们回到我三年级时吧。我在格拉斯女士的阅读课上，轮到我读课文了。我现在还能清楚地回忆起格拉斯夫人突然打断我说："阿莉扎，请你朗读下一段。"我静静地坐在那里，开始不安地拽手腕上的木珠手链。格拉斯夫人一次一次地叫"阿莉扎"，我越来越紧张，手上力气也越来越大。最后手链终于断了，木头珠子滚得遍地都是。格拉斯夫人大怒，高声批评我，说我不听她的指示，上课的时候还在"玩首饰"，干扰课堂秩序。但是，她和我当时都不知道其实我根本没法读出来。

我记得那天回家以后我哭着对妈妈说了这件事。我还没说完，妈妈就已经知道结果了。做妈妈的总是这么神奇。很显然——尽管我那时完全不知道——我有口吃的毛病。我会屏住呼吸，想说的话就憋在嗓子眼里；我如果着急想说出来，就会口吃。

元音最吃力。因为我的名字就是以元音开头，所以老师让我们做自我介绍时我是最紧张的。每一次都一样。当其他同学一个一个说出自己的名字时，我就会变得越来越紧张，因为马上就轮到我了。他们都可以很轻松地说出自己的名字：希瑟、亚当、丽萨、大卫。轻松、流利、完美。然后终于到我了。不能只说阿莉扎，不然我不知道会出什么事，所以我每次都会说“我的名字叫阿莉扎”。可就是这么几个字，也不是每次都能顺利说出来。不管怎么看都是段悲催的经历。

自我介绍还不是最糟的，更糟糕的是读书报告和演讲。有一度情况实在太不理想，我甚至都求爸爸妈妈给我写张条子，让老师这次不要让我做演讲。

我猜在格拉斯夫人课上发生的事成了压倒骆驼的最后一根稻草。我妈妈决定，必须对此做点儿什么了。很快，我就开始每周去曼哈顿一次看语言病理学家的门诊。我妈妈会开车从长岛带我去东57大街，哈斯凯尔医生的诊所就在这里。哈斯凯尔医生人很好，他教给我一个技巧，叫作“气流”，可以帮助我自信地说出话来。我跟哈斯凯尔医生一起做的很多练习都是“实战”；比方说，他会带我去街角的百吉饼店，让我帮他点单；他还会带我打恶作剧电话，这样我就必须接过话筒和另一头的人说话。他让我做的所有事都是在逼我不得不开口说话。这种练习持续了好几年。最后我终于从哈斯凯尔医生这里毕业，由长岛北岸的唐娜·库珀曼医生接手。她延续了哈斯凯尔医生的治疗。等我念高中——没错，我的治疗持续了这么多年，直到我念高中时，我已经进步了很多。但即便如此，我那时也根本无法想象有一天自己可以当着数百人的面做演讲，而且网上还有数千人观看。

我现在可以做到这些，功劳不全在这两位医生，很大一部分原因在于我的父母，他们认识到我的问题，为了解决这个问题投入了很多。更重要的是，他们从我很小的时候起就教我自信。说实话，有时候他们对我的信心其实是没有根据的，但是这不恰恰就是“假装成功，直到真的成功”这种策略的真谛吗？他们从来不让我认为自己有毛病，也从来不让我因此感觉自己不如别人。

所以，你也不能把自己封闭起来。给自己贴标签是很糟糕的做法。你不能想“我做不到，因为原因一、二、三”；你得想“我可以做到——哪怕原因一、二、三”。我最终能够站起来，在全班面前发言，都是因为我的父母和两位医生在我的身后推着我向前走，让我相信自己可以做到。我凭借努力使预言成真。既然我这个原本连名字都无法顺利念出的人都可以搞定公开演讲，那么世界上还有什么事是做不到的呢——除了减掉最后五磅①，因为这确实是不可能的任务！

---

① 减肥时一开始体重下降很快，但是到了一定阶段，就再也减不下去了。

实操指南：学会做公开演讲

之前你应该听过这种说法：站在台上时，可以假装台下观众都是一丝不挂的。我从来没有搞懂过这么做的原因。明明所有人都穿着衣服，坐在你眼前，你要怎么想象他们没穿衣服呢？这根本没用好吗。但是以下这些经验是我亲身尝试过有作用的，不管你面对的是十个人还是三百人，都可以借鉴一下。

1.熟悉你要讲的内容。不仅仅了解你想说什么，还需要事先考虑好你的演讲有什么可供观众思考和回味的。把这些想法写下来，这可以让你更好地理解演讲的目的。最重要的是：演讲不能光是讲话，你得带着明确的目的去讲。你要知道自己想要达到什么效果，以及如何达到这种效果。

2.如果你需要做PPT演示，不要使用太多文字。文字过多，观众就只顾着看文字，不记得听你讲了。我的PPT每一页都只是用来提示我该讲哪个话题用的。你只需要关键的几个字就可以回想起自己想讲的内容。你甚至可以把“经验总结”作为所有的标题页使用，因为一目了然，观众马上就能明白他们会听到些什么。但是，如果你想把经验放到最后一起说，可以添加到“我的观点”部分，这样你就知道（当然只有你心里明白）自己最后要说点儿什么了，标题页则可以写点儿引入话题的内容。

3.练习、练习、练习——并同步摄像！你得知道你说话时的声音和仪态如何。我一点儿也不喜欢从镜头里看自己，但是必须这么做，所以咬牙忍忍吧。无意识的情况下你是不是会使用“呃”“然后”，或者“你懂我意思吧？”这类表述？使用它们确实会让你感觉更加自如，但是听众听起来会非常糟心。你会不会不时地玩自己头发，或者站着时左摇右晃？把这些需要注意和改进之处一一都记下来。你只有对自己足够严格，才会有进步的空间。一直练习下去，直到你觉得你的表现可以接受。

4.学会阅读观众——以及说笑话。大家真的用心在听你说，还是都在看手机？你在讲笑话时他们有笑吗？处理类似尴尬局面，最好的办法是让气氛轻松起来。有时候当我面对一屋子应该笑但是完全不笑的观众时，我会（带着大大的笑容）说“哇哦，大家都好严肃”，这话一说完基本上听众都会笑起来，屡试不爽。在TEDx演讲时，我播放了一段视频，结束时我本来期望听到鼓掌声，但是没有。

所以我主动笑呵呵地说："别憋着啊，可以鼓掌了。"你瞧，其实大多数时候，并不是你真的讲得很差，而是你的观众一时间不知道要怎么反应。大多数演讲场合，房间里的人彼此都不相识，大家都觉得别人不笑、不鼓掌，只有自己一个人这么做会很尴尬，所以还不如什么都不做。你直接告诉观众他们应该做些什么，就会让他们更加轻松自如地给出你想要的反应了。

5.确立自己的风格。在开始演讲之前，我总是喜欢先给观众解释一下待会儿我准备说什么（TEDx是个例外，我必须得直接开讲）。例如，我会告诉听众我喜欢来点互动，所以会鼓励他们在我讲话过程中随时提问。既然我已经提前和观众打好招呼，那么接下来每当我需要整理一下思路时，就可以跟观众说"大家有问题吗"，这样可以为我赢得一点儿宝贵的时间，准备接下来要说的内容。

6.根据限定时间进行修改。最好每次都问清楚你可以讲多久。并不是所有的演讲都可以在短时间内完成。如果你知道自己的时间很紧，就需要长话短说，避免超时。我是因为参加一次晨间秀节目才学会这一点儿的。那次晨间秀的参演嘉宾除了我还有一位非常著名的男演员。所以，我知道这是我这个"公关"和对方的"演员”之间的较量，我也许最多只有十秒钟讲话时间，大部分时间都会给这位演员。在这种情况下，我会把要讲的内容压缩到一句话——最多两句话，至少得把需要传达的信息都传达清楚。

7.不要闷头读稿。哪怕你带着稿子上台，也应该时不时地和台下观众保持眼神接触。我见过很多人一门心思只是读稿，从来不抬头。这样做效果很糟糕，观众能看出来你很不适应在这里讲话。

8.注意呼吸！发表演讲时注意呼吸不仅仅很重要，还很有帮助。因为呼吸可以帮助你和缓、顺利地发音。如果你关注自己的呼吸——特别是在登台之前，你会比较容易放松下来。

9.微笑！讲话时微笑也是我通过学习才获得的技能。微笑不仅让观众感觉更加惬意，也会让你的形象变得更好！

下次你看见某个人在会议中或在规模更大的场合需要发表演讲时，请考虑以上的这些建议。你会诧异地发现，很多高管都不知道在公众场合应该如何演讲。有些人是表述有问题，另一些人则是太紧张。如同专业人士一样演讲是你在职场需要掌握的最重要的技能之一。严格来讲，哪怕其他技能你都不具备，也必须掌握演讲的技能。但是和其他所有技能一样，只有熟，才能生巧。

你或许会想“我又不会对着很多人演讲，干吗要学这个”。如果你想真正获得成功，必须学会演讲。公众演讲虽然多是在会议室进行，但是却远远不限于会议室。大多数人在面对很多人的时候都不太会说话，他们会胆怯，有人甚至宁可躲在墙角也不愿意做演讲。我很理解。我以前也一样。但是，如果你可以像我克服自己的恐惧一样，也克服你对于公众演讲的恐惧，你会发现一个全新的世界正在你面前展开。**小贴士：优秀的演说家不仅能赢得人们的关注，更能赢得人们的尊重**。这个技能值得我们学习，你越早开始，收益越大。

后记

每年，《魅力》杂志都会举办一场鼓舞人心的活动——《魅力》年度最佳女性颁奖盛典。每次我去参加，都觉得自己应该带面巾纸来的，天哪，我太需要面巾纸了。每当来自社会各个阶层的女性上台领奖，你会发现在场所有人眼睛都是湿的。不管是从事光鲜职业的明星，还是日常生活中的英雄，她们传递出来的讯息都是同样的：每个人都愿意改变世界，也有能力改变世界。但是，当我们在生活中时不时遭遇阻碍，跌得鼻青脸肿时，我们却往往会忘掉这一点。

2013年，年仅十六岁的马拉拉·尤素福·扎伊当选《魅力》年度最佳女性。一年以前，塔利班袭击了马拉拉所在学校的校车，一枪击中她的头部，就为了让她停止声援巴基斯坦和世界上其他地方的女孩儿获得受教育权。然而，马拉拉不仅活下来讲述了自己的故事，并且成立了马拉拉基金会，致力于帮助发展中国家的数百万女孩儿接受教育，这些女孩儿在自己的祖国因为社会、法律和政治等原因被剥夺了受教育权。

听完马拉拉演讲，我感动得无以复加。她说："巴基斯坦的女孩儿不期望得到Xbox游戏机或者类似的奢侈品。他们只想要书和笔。"仅仅凭着一股信念和对自己事业的热爱，马拉拉奋起斗争，直接改变了女孩儿们的教育状况，让她们变得自强。如今，年仅17岁的马拉拉是有史以来最年轻的诺贝尔奖获得者。她以一种讽刺的方式证明了个人的力量究竟可以有多大。

听马拉拉演讲让我意识到，如果你有幸接受教育，并且获得了丰富的经验，那么你也有义务分享你的所有知识。这也是我写作这本书的一个原因：把我在职场中所学到的一切跟所有人分享。我希望我的经验可以让你更加自信，也能让你掌握足以奋勇前行的知识。如果你不确信当前选择的路径是否正确，或许此书可以鼓励你进行一次艰难、漫长的自省，弄清楚你真正想从事的是什么职业。毕竟，我们的职业道路可能会不时改变方向。如果当初我没有勇气放弃学医，转而追求儿时的时尚梦想，我今天会是什么样？而如果你可以扮演一个全新的角色，你的生活又会变成什么样？

我一路走来，离不开别人的支持，但是我从不会让别人替我做好所有的事。我会直面所有的难题；有时候付出的努力会有收获，有时候却是白忙一场。你或许也不会再像以前考试得到高分时那样得到别人的表扬；你的上司甚至可能完全看不到你的付出；你在职场的成长速度也许永远比不上推特上跟帖的速度；公司晋升的时候你或许会被全然忽略。面对这些情况，必须有耐心。没有什么比专注和坚持更加重要。如果事情发展得不顺利，你不能想着放弃；如果困难短时间不能终结，你也不能一味抱怨。你是人生这场演出中当之无愧的主角，但是在现实中却不能奢望人人都对你青眼有加。在职场中该熬的时间还得熬，该经受的考验也还得经受。最后会证明，你的一切付出都是值得的，我可以向你保证。

每一天，我都会逼着自己接受新的挑战。创作这本书就是最近期的一项挑战。我希望你也可以继续挑战自我。强迫自己不断尝试以前认为不可能、做不到的事，学习新的知识——要**持之以恒**。记住：改变总是艰难的；如果不艰难，就不是改变了。

所以，继续吧，发挥你的热情。带着职场老人给你的这些经验上路，不要忘了在路上把你的经验也与别人分享。你的故事才刚刚开始，我已经等不及想看看它的结尾了……

祝你步步高升。

相关词汇[①]：即自动纠错功能可以识别的词汇

（*S）：我自己发明、表示讽刺的符号；并非全世界通用符号，但真的很有用。举例：我好高兴，之前在电脑上完成的工作全都被删掉了。从好的方面来看，我刚刚已经发送了错误报告，收到报告的人肯定会帮我解决这个问题的。（*S）

安娜·温图尔：出生于英国，自1988年起担任《时尚》杂志主编，被认为是世界上最著名的时尚编辑，同时也是一流的经纪人，她成就了很多人的事业。

亚瑟·艾格特/《亚瑟·艾格特模特指南》：艾格特是美国时尚摄影师，以在真实场景下拍摄生动、轻松的套图著称。他出版过多本著作，包括1993年的《亚瑟·艾格特模特指南》；该书收录了很多超模的照片，呈现了镜头前和幕后的画面。

① 为译文流畅起见，译者会视语境适当调整相同词汇的表达。

自动邮件签名：你的姓名、公司名称、地址、联系方式等自动附在每封发送邮件末尾的信息。

账号形象：原意为“化身”。社交媒体上指用来代表一个用户的照片或图像。

贝恩菲尔德：我的父姓，在描述早年经历时使用。

完美契合品牌的：形容创意、概念、口号等与某公司形象或产品非常契合。只要宣传手法得当，与品牌完美契合的讯息可以帮助品牌推广宣传。

征集：时尚杂志为拍摄照片向某设计师借用样品。举例：拍摄往往需要“征集”大量的产品。杂志社借用某样品一段时间之后，就需要归还。

卡吕妮·塞芙·德·都德济勒：法国时尚编辑，以20世纪90年代帮助确立超模形象著称。她将高定与成衣混搭的风格堪称经典。当安娜·温图尔于1988年被任命为《时尚》的新主编之后，卡吕妮设计了改版后的第一期封面。

明星甲、编辑乙、造型师丙，等：我用来指代现实中的明星和其他重要人物的方式，以防侵犯他人隐私（拜托，你不会以为我会一一细数工作中遇见过的每一个名人吧）。你可以把我笔下出现的人物任意想象成你希望的任何人，或者也可以猜猜我说的是哪位名人；反正我是肯定不会告诉你的。举例：你听说了吗？明星甲在时装秀上拒绝跟名人乙坐在一起。

登记录入：杂志社对从某设计师处借到某样品进行记录的程序。借到的样品会暂时存放在杂志社的样品间，直到登记归还。同理，“登记录出”就是对于样品已经归还其设计师的记录。举例：助理必须登记录入一个样品，用宝丽来相机拍照，并记录每一件样品进入样品间的日期；整个过程很乏味，但也很有必要。

社群经理：一个品牌在社交媒体上发帖和互动的管理者。举例：优秀的社群经理知道如何使用与品牌完美契合的内容，与粉丝和客户进行深入的交流互动。

私信：一个推特用户直接发给另一个推特用户的信息。

唐纳卡兰纽约：全球著名的美国时尚品牌，由唐纳·卡兰于1985年创立并担任设计师；主打“轻松搭配七件套”奢侈服饰。唐纳·卡兰在20世纪80年代因革新职业女性服饰而声名大噪。DKNY是她在1989年创立的二线品牌；该品牌主打休闲风格和可以在周末穿着的服饰。两个品牌都充满着纽约市独有的活力与魅力。“唐纳卡兰”“唐纳卡兰纽约”“DKNY”，以及“DKNY公关女孩儿”都是唐纳卡兰国际有限公司旗下加百列工作室的注册商标。

编辑版面：一本杂志里除了付费广告以外的版面。公关部门负责为杂志、网站和微博等提供保障。编辑版面也称为报道，目的同样是扩大某品牌的知名度，但无须付费。举例：本期《时尚芭莎》刊登了一篇关于明星甲与其新豪宅的报道。

屡败屡进：虽然一个人工作能力很渣，却能频频跳槽获得更高级、更重要的职位。一个屡屡搞砸差事的人却还能步步高升，实在令人匪夷所思。

绯闻女孩儿：2007年起在CW网播放的电视剧，至2012年已经播出六季。该剧主人公是居住在纽约上东区的一群享有特权、热衷时尚的青少年。全剧有一个无所不知、从头到尾从未出现过的旁白者兼博主——绯闻女孩儿。自从收看了第一季，我就迷上了该剧；它对我的生活产生了巨大的影响。但是随着剧情的发展，故事的走向有点儿诡异，我现在对其结局还不能释怀。

上下有别：你能看出我在全书多次使用“上下有别”或“尊重上下级关系”之类的说法。这里我指的是在一个部门或公司内部，所有人根据各自资历或职位的排名。根据我的经验，初入职场的新人必须努力理解、尊重公司的上下级关系。举例：在撰写自荐信时字体不要超过12号，这样可以显得你理解并尊重上下级关系；字体再大就会显得太随便，而且更糟糕的是，还会让你的应聘单位有种满篇文字都在尖叫的感觉。

IRL：在现实生活中，相对于网络世界而言。举例：我们一开始只是推特上互加好友，后来成了现实生活中的好友。

出身效应：我用来表示某个人的身份渐渐被其公司同化的现象。举例：出身效应的后遗症在于，一旦你离开这家公司，你的名字本身就不再那么有价值了。

图片集：某品牌所有产品的可视化名录。与供消费者使用的名录不同，图片集主要是作为参考资料应用于行业内部，特别是供设计师、公关人员和时尚编辑使用。举例：设计精良的图片集可以让人很方便地参考某个特定的商品，这样一来会增加编辑为杂志拍摄征集该商品的概率。

努力上进：按照高出你目前所处职位一级的方式行事。举例：因为你一直都努力上进，做的远远超出了你分内工作的范围，所以获得了晋升。

发行人栏/杂志社职位排名：时尚杂志社编辑部里所有人员的职位排名都会在发行人栏中列出，每期都有。对于外界人士而言，这个部分很难理解，基本都会略过不看。新人也会感到很困惑。每个杂志社的职位多少会有点儿区别，以下是大致的排名情况：

主编

时装主管

市场主管

配饰主管

高级时装编辑

高级市场编辑

高级配饰编辑

时装编辑

市场编辑

配饰编辑

助理（分为时装、市场或配饰部门）

实习生

情绪板：用来形容一款时装总体感觉或描绘一款时装的图片和文字的拼贴画。设计师使用情绪板帮助他们整理思路。情绪板往往会为一整个系列的服饰确定基调。举例：从文字云选取某些词汇，在情绪板上分配给其不同的图像，可以帮助你更轻松地设想具体需要如何修改。

奥利维亚·蒲伯：由珊达·莱梅斯创造、美国广播公司热播剧《丑闻》中的女主角；危机管理专家，非常擅长待人接物；是公关行业的典范。只是在个人问题上不太精明。

推销（安利）：向他人提出一种想法供对方考虑。公关需要给记者或编辑推荐某个新闻报道构思。不过这个表述不仅限于公关行业，所有员工都可能需要向上司推销某个想法。

宝丽来：兼指传统非数码相机和一次性成像相机拍出的照片。在数码产品出现以前，宝丽来是管理样品间、登记样品、服饰留影和挑选模特的必备物品，时尚业几乎所有事务都离不开宝丽来。

PR："PR是什么意思"是我经常被问及的问题。显然，很多人会以为这是波多黎各[1]的简写。但是就本书的

① 波多黎各的英文为Puerto Rico，简称为"PR"位于北美洲加勒比海的大安的列斯群岛东部。

内容而言，它指的是公关。现在你一定很清楚了。

公关人员：负责为某个公众人物、公司或产品进行宣传（提高宣传对象知名度）的人。公关是客户和媒体之间的桥梁，也是客户形象的最终管理者和品牌对外信息的负责人。

调用：借用服装样品。时尚从业人员的行业用语。举例：“我从设计师甲处调了几套礼服。”“我得为某杂志三月刊调用几套春季礼服。”

蕾吉娜·乔治：2004年影片《贱女孩儿》中的大反派。她从主角最好的朋友摇身一变，成了主角最大的死敌。

请求：杂志社向设计师（或为某个设计师或品牌代理的公关公司）提出借用样品的正式请求，用于照片拍摄。

归还日期：样品借给杂志社进行拍摄之后必须还给设计师（或公关公司）的日期。

过流程：杂志编辑查看并考虑可用于拍摄的样品的流

程。举例：迪恩会把可供选择的配饰给时装部过一遍流程；届时时装编辑需要决定最终用哪些样品进行拍摄。

样品：设计师设计出的物件（服装、配饰等）的原型，通常作为日后大规模生产的模板。诸如全食[①]等商店提供的乳酪样品一般比较多，可供所有人品尝；但是，时装样品往往每款只有一件，因此价格高昂。

拍摄：摄影术语，即为服饰拍照。

静物：杂志社为非运动物品（如配饰或鞋子）拍照的通常做法。这种拍摄手法通过为道具设计造型，并配以特别的打光等进行。举例：迪恩确定流行趋势，并为杂志的静物版面选定配饰；配饰届时会放置在白色的平面背景之上。

短信体：人们在发短信时使用缩略、不规范表达等很不正式的语言风格。短信体只适合在与关系亲近之人交流时使用。这不是职业场合的交流方式。举例：想写出出色的自荐信，就绝不能使用短信体。称呼时使用“亲爱

① 世界最大的有机食品连锁超市，始建于1980年，总部位于美国。

的”，落款时使用“此致敬礼”；此外，千万不要用表情符。

鸡尾酒会试验：我自己发明的小测试，用来确定在鸡尾酒会上交谈的人是否主动积极地倾听彼此的话。我得出的结论是：没有。

“市场”：时尚杂志社的市场编辑需要了如指掌的某个细分领域。例如，某个编辑可能专门负责美国设计师或珠宝。举例：作为助理编辑，我花了大量时间到公司外面“考察市场”，赴各种约会，参观当季新款。

天才雷普利：我为那些疯得很低调的人专门发明的形容词。正因为他们往往疯得不明显，所以才会让很多人以为他们和普通人没什么区别。这是我从1955年派翠西亚·海史密斯的同名小说，以及1999年上映的同名电影中借用的说法。

文字云：文字的形象化呈现，文字的大小会与其重要性相匹配。文字云常常用于分析一段文字中的关键字。例如，如果你是个很吵闹的人，那么你的文字云中“吵闹”两个字可能看起来会是这个样子：吵闹。

僵尸：在工作中只知道按部就班地完成分内之事，从来不会主动寻找机会，从所做的工作、所在的公司或行业汲取经验的员工。

关于本书中的人名和地名

本书中所有的故事都取自我的亲身经历，或是在职业生涯中听说过的逸事；我尽可能将所有细节都一一再现。对于书中人名、性别或者某些当事人的性格，我多半都在真实情况基础上进行了改动。而且，我还为此改变了有些故事的时间先后顺序或背景。

过去我工作过的杂志社，名称也都换成更加时髦的法文名称；虽然也不是不能沿用原本的名称，但是那样一来还有什么乐趣可言呢！另外，我在书中描述的工作环境和情况距离现在已经过去很多很多年了，很可能与时下的现实已经大相径庭。

在行文过程中我会在提及故事中的人物时统一使用“他”作为人物指代。各位可以将其想象为你认为合适的任何人。

本书提出的各种建议、提及的各种行业秘密完全是我的一家之言。有些是我在工作这么多年以来得到的教训和学到的经验，并不代表我服务过或正在服务的公司的观点。

致谢

从哪里开始才好呢？我想，还是从头开始好了。

回顾我在时尚业这近二十年，我都不敢相信时间都去哪儿了，但是我很肯定，如果没有那么多人的爱、支持、才华和指引，我绝对不可能达到今天的高度。

致我的家人：

首先，感谢我的爱人大卫·里希特，我们是1997年相亲认识的。你是一个人能够想象得到的最佳丈夫。谢谢你无条件地爱我、支持我（除了逛街的时候）。你不只是最佳丈夫，也是孩子们最好的父亲。我知道你以我为荣，但是你要知道你更让我感到骄傲。每天回到家、回到你身边时都是我最幸福的时刻，没有人能像你一样让我如此幸福。我深深地爱着你！

感谢我的孩子们。乔纳森、萨布丽娜，你们一直是我的荣耀和灵感来源。我最喜欢听到你们开怀大笑，看到你们有新的发现。你们说出的所有话都如此宝贵。你们对于世界的看法每一天都让我有耳目一新的感觉。反过来，我也有责任将我所知道的一切教给你们。这本书就是我希望传授给你们的第一部分知识。你们对我而言就是一切，每天早上醒来或夜晚入睡之前，我没有一次不感谢上苍让我如此幸运地拥有你们两个宝贝。我迫不及待地想看着你们未来的成长。我对你们的爱比海还深，比天还高。

感谢我的母亲玛德琳，和已故的父亲迈克尔·贝恩菲尔德医生。能够做你们的女儿，我无比幸运。你们总是教我与自己竞争，不要跟别人比较。是你们让我相信所有的困难不过是我必须翻越的小障碍。我之所以能变成今日的我是因为你们。

妈妈，你是每一个女孩儿梦想中的偶像。谢谢你始终把我和伊拉娜看得最重。你教会了我如何爱护自己的孩子。我爱你，爱你的品格、坚强和信念。你让我学会自立自强。你的智慧哪怕我用一整本书也无法道尽。你对我的爱和引导让我成了一个好女人、好妻子、好母亲。在我完全无法产生自信时，是你给了我信心。

爸爸，我没有一天不怀念你，怀念你对日常琐事的感悟。你一直以来始终慷慨无私地帮助他人，带给我无尽的感动，最终促使我创作了这本书。我知道自己之所以乐于帮助后辈都是向你学习的。我知道如果你还健在，肯定会把这本书打包一堆送给你的同事们看。谢谢你让我看到努力工作、尽力成功是有价值的。每当有人说看到我就会想起你，都是我最足以自豪的时刻。你有一颗金子般的心灵；你总是毫无保留地对待别人，为我树立了最好的榜样。我爱你，也非常想念你。

感谢我的小妹妹伊拉娜·尤尼斯。你是我见过的最神奇的人。我能有你相伴着长大，还能有你作我一生最好的朋友，实在是太幸运了。孩童时期我们俩就喜爱芭比娃娃，之后又都爱上了时尚。从我们玩过家家，你让我假装开具发票时，就已经预示着日后我会投身商业了。谢谢你同意我给你剪头发、还给你用宠物洗发水；谢谢你同意我把你塞进我的旅行箱，还用我的玩具车推着你到处走。等到我们长大以后，你就成了我的密友，是我可以放心分享所有秘密的人。谢谢你总是洞察一切，给我最恰当的建议。谢谢你无论我做什么都支持我。这对我而言非常重要。生命中能遇到你、史蒂文、塞莱娜和迈卡，是上帝对我的恩赐。我非常爱你们。

感谢我的里奥叔叔，你对我远远不只是个叔叔。你是个很特别的人。总是愿意倾听我说话，愿意对我伸出援手。可是我最想感谢你的是你一直都会与我分享你的智慧和想法。我觉得自己对于文字的热爱都来自于你。我有个“叔叔”的文件夹，里面放的都是你写的关于孩子们的博客，它们是我的无价之宝。我相信以后乔纳森和萨布丽娜也一定会喜欢阅读这些文章的。我很庆幸你和安迪婶婶出现在我的生命中。我非常爱你们，也非常重视你们。

感谢我已故的外公外婆，希尔达和艾萨克·温德，以及爷爷奶奶，安娜和西格蒙·贝恩菲尔德。你们都是大屠杀的幸存者。你们为我展示了“强大”真正的含义。你们让我从年幼时起就已经知道要珍惜生命，不为小事而介怀。

感谢我的小姑米歇尔·里希特。谢谢你对我始终不变的支持、爱和友谊。你、亚丁和约书亚对我非常重要，我爱你们，也非常珍惜我们共同度过的家庭时光。

感谢我最亲密的老朋友：蕾切尔·法斯·施劳、兰迪·马库斯·赫希、罗宾·拉赫巴尔和明迪·阿姆斯特·伦敦。谢谢你们一直陪在我身旁，我非常珍视我们之间的友谊和我们共有的回忆。

职场之中：

感谢唐纳·卡兰。谢谢你创造了一个小世界，让我过去十七年都如此幸运地可以参与其中。你的热情没有极限。我永远忘不了萨布丽娜三岁那年，她坐在设计室的地板上。你正在为模特试穿一件美不胜收的珠饰礼服。萨布丽娜坐在地板上画画，而我在一旁等你忙完好跟我一起准备新闻发布会的稿子。四周本来很安静，突然萨布丽娜用手戳了模特一下，用稚嫩的声音迷惑不解地问我：“她要买下来吗？”我们都笑了，你说：“可能不吧。”我得跟小女儿解释模特是做什么的。这一幕令我始终记忆犹新，这是我和你共事以来无数个特殊回忆中的一个。

感谢帕蒂·科恩。你是我长久以来的导师。如果没有你，我不可能走到今天。你为我订立了标准，我所知道的一切都是由你教授的。我们俩经常一个人说完上半句另一个就能接着说完下半句话，而且我们都有强迫症似的交流方式，我简直无法想象如果没有你我会怎么样。我们制造的回忆足够我用一辈子来品味。帕蒂，你和哈维就像我的家人一样。谢谢你。你从第一天起就一直相信我，我对你充满感激。你对于我而言就是全世界。

感谢马克·韦伯、提莎·卡尔伯勒、林恩·尤思丹和唐娜·迪恩。谢谢你们这么多年来一直都支持我在唐纳卡兰的成长，也谢谢你们同意我做这个特殊的项目。

我过去和现在的同事对我而言也很重要，不过想一一介绍完，我就得另写一本书了。但是，在此我必须特别感谢卡拉·莫特、萨拉·莱恩、丹尼尔·弗里兰、娜塔莎·韦伯、杰基·布扎、詹妮·李、亚当·利利、凡妮莎·金凯德、彼得·斯贝里欧普洛斯、卡罗尔·科尔纳、简·钟、玛丽·王、安东尼·孔蒂、菲丽塔·哈里斯、斯蒂芬妮·莱纳、金智宇、安东尼奥·伯莱里、凯思琳·博伊斯、莎伦·恩斯伯格、卡洛琳·林奇、汉斯·多桑维尔、斯黛茜·斯特里格尔、理查德·辛诺特、卡门·博格诺沃、金伯利·奥赛尔、萨沙·查宁·莫里森、雅米尔·迪亚兹、乔琳纳·爱·博斯特利和凡妮莎·福克斯·哈尔伯特。

珍娜·布莱克维尔，谢谢你让我引用你的故事，与你合作非常愉快。如果本书“自序”中缺少了你的故事将会大为失色。

还要感谢大卫·克彭和尤里·齐夫，你们是我在社交媒体上最早结识的朋友，一直以来都在支持我，我向你们学到了很多。

最后，关于此书：

我高中时有一个暑假是在塔夫茨大学度过的。我在那里选了一门“意识流”写作课程。我非常喜欢。但是，在我开始发推特之前，我从未有意识地使用过写作课上学到的知识。两年以后我开通了博客，从那时起我完全忘记了写作课，文字和娓娓道来的故事自然而然地流泻到纸面上。可是在有人找到我约我写本书之前我从来没有认真想过进行专业写作。这种不必刻意选择，自然转换方向的感觉确实非常有趣。

写这本书的过程令我特别愉快。事实上，完成整本书的创作我花了三个月时间；每晚等把孩子们哄睡了，我会从九点半写到次日凌晨一点。大卫给我做了一张金融从业人员使用的EXCEL表格，我可以每天查看自己的写作情况，以便保持进度。我喜欢任务有个合理的期限，这样我可以每晚都投入写作（除了周四，因为每周四我都要收看《丑闻》，还要在推特上实时点评）。

三个月写完整本书，是不是很不可思议？好吧，其实也还好。当你总是兴之所至地写作，可能一连数百页都既无韵律，也无逻辑。这么说吧，审阅这本书的过程我可一点儿都不怀念。我希望在第一遍落笔时我选择的就是最恰当的表述。为此，我要感谢下面这些人，他们给我提出了很好的意见和建议。

感谢我的编辑格雷琴·杨、艾莉森·鲁道夫和出版公司的出色团队，谢谢你们一直对我满怀信心，也一直如此热忱地支持这本书。

感谢洛里·克劳斯、吉莉安·施特劳斯和萝丝·莫拉·洛尔，谢谢你们的真知灼见。你们不会知道你们提出的新鲜视角对我帮助有多大。

谢谢阿曼达·英格兰德，感谢你的远见卓识。没有你就不可能有这本书的诞生。你对于这整个项目的投入和热情令人感动，也令我万分感激。

感谢蒂娜·克雷格、凯丽·卡托尼、艾丽卡·德梅萨克、妮娜·加西亚、斯黛茜·伦敦和梅兰妮·诺特金。你们对我来说既是朋友，也是具有开脱精神的先锋。我非常敬仰你们。

最后，也是最重要的，感谢我的推特好友们：

谢谢你们！如果没有你们，我不可能完成这本书。你们以绝妙非凡的方式拓展了我的世界。谢谢你们每天与我分享你们的生活。我们在推特上确实拥有了一个共同的家，我万分荣幸能成为这个大家庭的一员。

每个人都有能力改变世界。